我爱布杂货

布作配件百搭超活用

DIY玩布置编辑部　编著

河南科学技术出版社

· 郑州 ·

编辑导读

布作配件的百搭游戏

喜欢手作的人，一定也喜欢各式各样的布作配件，抱着“总有一天会用到”的心情四处搜罗，不知不觉便越积越多。本书就为这些常见的素材小物设计了系列的布作专题，要告诉你蕾丝、五金、纽扣、皮革等四大类素材究竟还能怎么用。

一条蕾丝，可以变成浪漫有型的围巾，也可以和织带、缎带互搭，变出不同风格的替换提手；一条普通的拉链则能够让包包任意地变大变小，还能让扁包变成立体包；当你手边只剩下素色布料时，更是大玩创意的好时机，不妨试试缝纫机的压线功能，将车线当成画笔，交织出美丽又扎实的花样图腾，或者利用不同的素材混搭，把素布变成独一无二的图案布；最后，少不了质感满分的皮革，不论手缝或车缝，加了几块小皮革，让你的包包就是和别人的不一样。

此外，还有实用的缝纫讲堂，老师们以丰富经验为你解析完美对称的口金包究竟有哪些技巧要掌握，还介绍了如何选一束适合的线以及小小拉链的百科知识。每个技巧都学下来，绝对能为你的布作大加分。

现在，快找找手边的布作素材，跟着我们一起玩布去！

contents 目录

风格人物

专题策划

素材任意门

策划1 蕾丝&缎带百搭超活用

策划2 五金&拉链百搭超活用

策划3 组扣&线材百搭超活用

风格人物

从点线面开始幻化作品的魔法老师

把刺绣变简单·邓美华

以专注与温柔的独特魅力吸引着大人和小孩争相成为她的学生，她的性格和她的才艺一样迷人。她总是可以把非常复杂的东西，变得简单易学，然后再顺势拉着你的手，不经意间便顺利通过关卡，瞬间拨开迷思困雾，让人领会“原来如此”。她身上充满师者的神奇力量，而这些魔力都源自她手上那根细小的针。

文／守谷香　摄影／沅羲　合成／曼柔

墙上的邓丽君不是照片，而是拼布马赛克。

People Data

邓美华

利用拼布马赛克和刺绣、电绣来表现写真，努力做出独具台湾风格的拼布。

Damy的快乐随意作
http://tw.myblog.yahoo.com/damy-handmade/profile

230种针法（英国刺绣师资证书），作品集合在一张比人高的大布上，光看就十分精彩，美华老师说每一种针法几乎都要绣上一两个小时才能完成。

像画一样的绣图证书作品

美华老师的刺绣证书（小仓手艺设计研究所指导员）和绣图检定都像画一样美，听说考核的过程非常不容易，不仅要绣出图样，每一个针法也都必须完全正确，日本审核老师的眼睛不只注意正面也会观察背面呢！

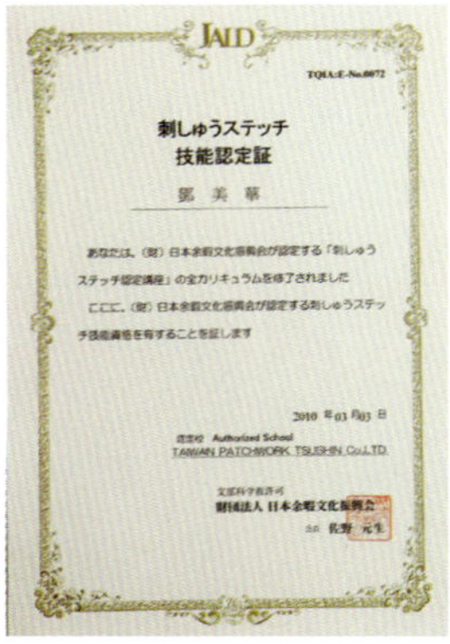

错误知识与正确指导同在

不管在什么状况下，永远用温柔的方式指导着学生，不论面对的是聪敏或是鲁钝的学生，她的态度一直都很谦和。有时候学生不断重复相同的错误，她就换个方式讲解，就算反复几次也不见她笑容有减。学生的问题千奇百怪，可怎么问也问不烦她，有时候她还会特别留心学生提的古怪问题，了解各种想法，她说这也是在积累教学经验，向学生学习。因此她的知识储备很丰富，灵感也源源不断，当她的学生很幸福，往往还没踩到坑，她就会先提醒你一声！

不藏私的师者模范

正是因为贴心，教授刺绣针法时，她会不嫌麻烦地为学生准备步骤图，让外行的人看了也会一目了然，进而容易学习。她凡事都懂得站在别人的立场先思考，更会发掘出一些省时省力的制作方式。过去基础的六角拼布，要省力就要花钱买纸型，不然就要一片六刀慢慢剪，而她发明了简单又便宜的纸型打洞法，一个打洞器能打出上千个六角纸型，省下的时间是用

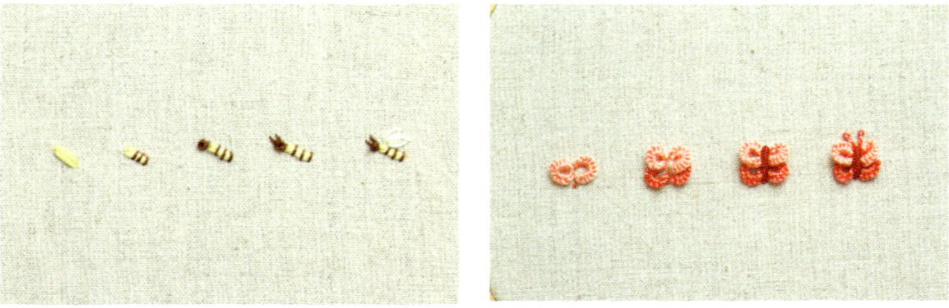

绣图里逐渐成长的蜜蜂和蝴蝶。

剪刀的5/6，真正让学生体会到方便和实惠。她不会藏私，有太多只有内行人知道的小秘密，她在教授的时候并没有设限，所以真的佩服她的手艺也佩服她的人品，能遇上这样的老师，真是运气加福气。

专注的底层功夫

教大人也教小孩，只要想学，她都能敞开心胸让你试试。她像一个魔法师一样，吸引着看过她手艺的人。和她相处过好几年，想不起来曾经看过她嫌烦的样子，不论多紧张多麻烦，杂志需要的步骤教学，只要她能做到，她一定会倾力讲述。除了做示范的那个作品之外，她还会再做3个不同的供挑选，每一个都要耗费更多时间和成本。就像本书的点心发束（参见p.98），其实只要3个就行了，而她竟然做了60多个，半夜两点一做好就开心地和女儿一起拿来让大家挑选，样子虽然很疲惫，但神情还是一丝不苟，让人忍着睡意也不敢怠慢了这堆得如小山般的发束，最后讨论确定了拍摄细节，她又搬了一箱餐盘来当拍摄道具。在她的态度中，可以发现努力的背后还有太多的坚持和细节，就像她在讲述刺绣的时候说的：正面到背面的结线一样重要！

MOCO
for hand stitch
100% POLYESTER
10M
FRANCE

专题策划

素材任意门

策划1　蕾丝&缎带百搭超活用

策划2　五金&拉链百搭超活用

策划3　纽扣&线材百搭超活用

策划4　皮革百搭超活用

素材任意门

向布市前进！热门素材特搜

沉溺于DIY手作小物的你，除了醉心于自己配色、缝制专属的布杂货过程外，到处找寻喜爱的布料和配件肯定也是一大乐事吧！那么五花八门的布料与配件究竟到哪儿买呢？这次，就带你造访布料、皮革、蕾丝、五金配件等材料店，让你以后的血拼名单有更多选择。

文／张淳盈 摄影／陈家伟
协力／印第安皮革创意工场、荣业花边、伟全纽扣、升辉金属工业

1

可爱指数NO.1卡通布专卖店

二嫂的店

地址 台北市民乐街17号1楼
（永乐市场正对面）
电话 02-2558-6301

推荐理由

二嫂的店是日本进口版权卡通布专卖店，Hello Kitty、Little Twin Stars、新干线小火车、哆啦A梦、汤玛士小火车、迪斯尼的米老鼠、小熊维尼、小美人鱼等，店内应有尽有，且每个卡通人物的布料款式都至少有三四种，可选择性非常多。亦出售材料包，并提供儿童服饰、背包、家饰订做服务。

2

拼布教学好用心

贝佳时尚布工坊

地址 台北市延平北路一段140号1楼
电话 02-2559-5881／02-2559-2798
网址 http://tw.myblog.yahoo.com/a9411734651029/

推荐理由

贝佳时尚布工坊即原本的富竣兴业南西店，移往邻近的新址后装潢更为明亮清新，亦重新更换了年轻活泼的店名。贝佳时尚布工坊出售的布料皆为日本进口布，同时提供各种材料包教学，让对手作有兴趣却不知道从何开始的人能更容易进入手作的世界，也时常聘请拼布名师驻店教学。

3

拼布材料专门店

联兴布行

地址 台北市迪化街一段21号2楼2070室
电话 02-2559-4850

推荐理由 联兴布行出售的布料以拼布类型花色最多，店内拼布相关材料配件齐全，例如：布衬（厚、薄、单胶、双胶）、铺棉、磁扣、提手、线材、织带、棉花等应有尽有。每周二和周六有基础拼布班可以参加，只需要100元(新台币)报名费，自选拼布材料包就能上课啦。

4

格纹点点货色齐

佑谥布行

地址 台北市迪化街一段21号2034室
电话 02-2556-6933 / 02-2558-4142

推荐理由 佑谥布行店面前时常人满为患，吸引大家疯狂购买的原因在于店家贴心地将种类繁多的布料裁切成55cm×60cm的小布块出售，而且有买十送一的优惠。喜爱做布杂货的买家每种布料可以不用一次买1m，就能带回丰富的布料花色，包含百搭不败的水玉点点、格纹、横纹等，棉布花色相当齐全。

5

小块出售最贴心

欣合布行

地址 台北市迪化街一段21号2053室
电话 02-2558-6331 / 02-2559-3000

推荐理由 欣合布行门前有木纹订制布花车，琳琅满目地摆满了裁切成55cm×60cm的小布块，种类包含日本棉布、各色帆布、棉麻布等，裁好的小块布有买五送一的优惠。店内的帆布与全棉等材质素布颜色齐全，样布展示也很清楚，可以直接看样布选购。

6

特殊布料这里找

杰威布行

地址 台北市迪化街一段21号2楼2043室 / 2046室
电话 02-2559-0877

推荐理由 除了一般常见的布料外，特殊素材例如：可用于护照夹或布夹内层的透明垫和网纱、可自制水壶袋或便当袋的保温衬、用途广泛的止滑垫、制作布娃娃常用的颗粒布、舒适的毛巾布或者绒布，还有婴儿用布等，这里都能找得到。

7

长毛绒布专卖店

艺达布行

地址 台北市迪化街一段21号2楼2025室
电话 02-2559-1554

推荐理由 喜欢毛绒绒的豹纹、斑马纹、长颈鹿纹，还有乳牛纹吗？这些历久不衰的动物纹长毛绒布在艺达布行都能找得到哦！与2080室的同升纺织实业是同一个老板经营，主打长毛绒布、动物花纹以及皮草，裁下1m做抱枕是最常见的选择，别忘了先拷克避免掉毛。

8

价格透明种类多

全国布行

地址 台北市延平北路二段10号
电话 02-2556-0132

推荐理由 这个布行与价格需要口头询问的永乐市场不同，一批一批的布料依照类型分门别类，价格也仔细地标示清晰，让买家可以放心选购，而且布料价格也非常优惠。店面大且布料种类多，也常有纯棉布料作促销，买来做布包非常划算。

9

ONLY日本进口布

鸟居纺布汇

本社地址 台北市民乐街71号1楼
支店地址 台北市迪化街一段21号2楼2076室
电话 02-2552-1180
网址 http://www.niaopj.com/

推荐理由 鸟居纺布汇是许多手作族推崇的日本布专卖店，布料价格公道且款式众多，让人目不暇接。店内只出售日本布，囊括了基本的素布、素棉麻、水玉点点、格纹、条纹布，还有用色活泼缤纷的图案布、充满和风的传统古布、质朴淡雅的先染布等，是让手作布杂货质感更上层楼的布料首选。

1

皮革经销专卖店

印第安皮革创意工场

地址 新北市三重区中兴北街136巷28号3楼
电话 02-2999-1516
网址 http://www.silverleather.com

推荐理由

印第安皮革创意工场的母公司是网罗世界各地植物鞣皮革的金革，因此店内囊括各种优良的皮革种类，价格也非常优惠。1980年成立的印第安皮革创意工场致力于推广天然无污染的植物鞣皮革，也陆续开发许多手工艺相关材料，并广开皮雕和皮革手作课程，让更多人能认识质朴恒久的皮革魅力。

2

麻雀虽小五脏俱全

协和工艺材料行

地址 台北市天水路51巷18号1楼
电话 02-2555-9680

推荐理由

协和工艺材料行是许多皮雕手作者常造访的材料店，老板亲切的服务态度让人大为赞赏，若有疑问只要开口询问就能得到详细的解答，不算大的店面中却搜罗了各式各样的皮革和相关周边材料用品，一张一张的皮革以“才”为单位，如果不知道怎么挑选，也可以把用途告诉老板请他帮忙建议哦。

3

皮革种类选择多

义扬贸易

地址 台北市华亭街26号1楼
电话 02-2558-5170
网址 http://iyivan.taiwan-craft.com.tw

推荐理由

义扬贸易有限公司成立于1966年，是历史悠久的专业皮革贸易老店，店内出售商品以皮革为主，包含牛皮、羊皮、猪皮、鹿皮，按用途有皮衣皮、雕刻皮、边皮等，也有半成品的皮革提手和编织皮线，皮革用染料也很周全，工具方面则以基础的打洞用具为主。

质朴皮革易搭配

当温软柔和的布料与质朴稳重的皮革结合，看似矛盾的素材巧妙搭配出的风采可以让布杂货更加出众夺目，质感和价值感都提升不少。

甜美蕾丝添浪漫

时常点缀于布杂货中的蕾丝、缎带、织带等素材，有着画龙点睛的功效，它能让布杂货自然而然地增添甜美浪漫的气息。宽度不一的织带与缎带常作为绳饰或提手之用。

1

自产自销花样多

荣业花边

地址 台北市延平北路二段61巷21号
电话 02-2555-2826

推荐理由

荣业花边是经营各式提花蕾丝、织带的贸易商，在大陆和台湾皆设有工厂，直接设计、生产各种多样化的蕾丝。小小店面里充盈着五颜六色的蕾丝和织带，其中，不乏许多外面找不到的独家款式和特殊的刺绣花朵，想和别人不一样，到这里找准没错！

2

整齐明亮价格公道

泰哗花边

地址 台北市延平北路二段60巷15号
电话 02-2559-1689

推荐理由

邻近永乐布市的泰哗花边专卖各式蕾丝、织带、花边、绳子、装饰带等，建议去之前要先想好作品所需的素材，否则很容易失心疯地买了太多暂时用不到的装饰带。店内标价清楚，各种产品摆放整齐，分类也很清楚，逛起来一目了然非常轻松。

3

织带齐全选择多

大宇服饰材料

地址 台北市延平北路二段60巷6号
电话 02-2555-1953

推荐理由

大宇服饰材料店内的织带种类、花色齐全，有迷彩的宽版帆布织带，也有常见的素色横条纹纯棉织带等，织带多用于布包提手，不管你的手作布包色调深浅，都能在这儿找到适合的织带来搭配作为提手，方便省时且织带的耐重度也很强。

4

耐心挖宝好物多

台富

地址 台北市延平北路二段60巷12号
电话 02-2555-9085

推荐理由

台富是很多待嫁新娘口耳相传的婚礼小物材料购买好店，抵达店门口的第一眼，你会惊讶于它堆积如山的各种饰品材料，例如小熊偶、花边、缎带、织带、绳子、羽毛等。如果找不到想要的商品，别害羞，直接问老板娘最快，无论物品摆放位置还是价格，她都门儿清。

五金零件不可少

口金、磁扣、拉链、纽扣……各种DIY布杂货需要的配件可不少，除了功能性需求外，外形可爱或复古的配件饰品更能为作品注入与众不同的风格，想要独一无二，就要从配件细节开始。

1

纽扣专卖店

伟全纽扣

地址 台北市重庆北路二段46巷46-2号
电话 02-2555-7811

推荐理由 伟全纽扣是老字号的纽扣专卖店，店里满满的纽扣是一二十年来所积累的各种样式，不论是可爱的缤纷风格还是复古的高雅风格，店内囊括了几千种纽扣让你尽情挑选。伟全的纽扣皆为原版色，而非制成后染色或喷漆，不会因为摩擦或洗涤而掉色。

2

韩国进口质量佳

升辉金属工业

地址 台北市重庆北路二段46巷3-2号1楼（铜链部）
台北市南京西路155巷34号（配件部）
电话 02-2556-4959（铜链部）
02-2556-9062（配件部）

推荐理由 升辉金属工业铜链部有数百种进口铜链可供选择，大小不同造型的链条或是环环相扣，或是镶以珠饰等，造型繁不胜数。铜链原始的复古色调近来颇为流行，亦可依顾客需求镀上银、金或者玫瑰金。配件部的饰品配件都进口自韩国，细腻度和质材皆属上乘，商品流行度也较高。

3

材料工具通通有

介良里布行

地址 台北市民乐街11号
电话 02-2558-0718

推荐理由

介良里布行空间不算小，但因为出售的物品实在太齐全，走道也不宽，所以时常处于人潮拥挤的状态。店里出售的物品有针线、梭子、拉链、蕾丝缎带、拼布工具、钥匙圈、磁扣等，几乎你想得到的拼布材料、工具这里都有，且价钱公道，可一店购足，非常方便。

4

DIY综合购物城

小熊妈妈

地址 台北市延平北路一段51号
电话 02-2550-8899
网址 http://www.bearmama.com.tw/

推荐理由

小熊妈妈可说是台湾最具规模的DIY综合购物店，它结合了手作推广、材料出售、手作商品研发、书籍出版等方面。不论拼布、毛线编织，还是串珠、蝶古巴特、羊毛毡、手工皂等，所有时下最流行的手作材料和工具这里几乎都买得到。

5

自己动手做饰品

东美开发饰品

地址 台北市长安西路235号1楼
电话 02-2558-8437

推荐理由

东美开发饰品有限公司出售的商品以饰品类材料为主，钥匙圈、水晶珠、木珠、塑料珠、琉璃珠、耳环钩、项链、小五金、中国结、纱网袋、礼物盒等都有出售，是许多饰品DIY爱好者聚集的店。商品都有小包装可购买，若是较特殊的造型商品，店内也有样品可查看订购。

6

老字号材料店

东埕饰品材料

地址 台北市长安西路330号1楼
电话 02-2556-8253

推荐理由

东埕是长安西路上老字号的饰品材料店之一，两层楼的店面商品种类众多，出售的商品以饰品配件为主，半宝石珠、水晶珠、金属铜片等装饰性材料也很齐全，有许多Cosplay玩家会到这里寻宝，找到适合角色服装的配件，若想要制作饰品类的小物，这里也有齐全的材料可供选择。

7

布市里的工具基地

明信里布材料行

地址 台北市迪化街一段21号2楼2049室 第三街
电话 02-2558-6543

推荐理由

明信里布材料行除了出售日本进口里布和衬布外，在永乐布市二楼店铺中是少数出售工具的店家，基础的工具材料在这里都找得到，例如：颜色齐全的手缝线和车线、拼布拉链、YKK拉链、魔鬼粘、松紧带、缝纫机的针和梭子、消失笔、水溶性胶带、口金、包扣等，而且许多商品的价格颇为实惠。

8

小空间大巧思

碧桃企业

地址 台北市迪化街一段21号1楼1194室
电话 02-2558-0940

推荐理由

店面不大但是店家善用收纳巧思，店内堆放的拼布材料可说是应有尽有，蕾丝缎带、纽扣、针线、口金、绣线、拉链等拼布材料和工具都能在这里买到。店面虽小但是服务人员很多也很亲切，不妨直接询问想要的商品，会比较快找到目标。

策划1

蕾丝&缎带百搭超活用

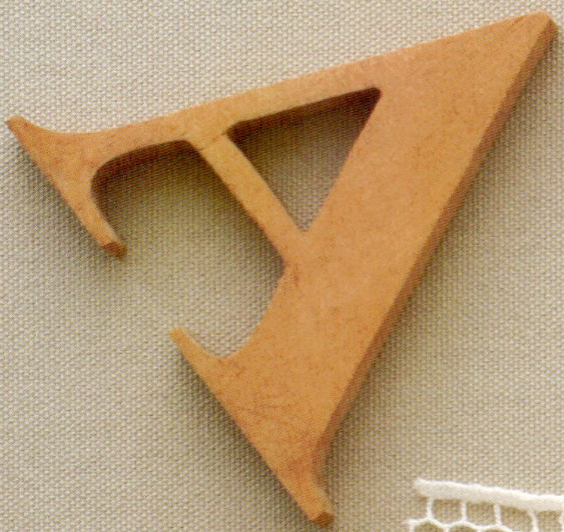

想换就换・自己做**风格提手**

缎带绣・细腻优雅的立体层次

蕾丝围巾・就是要轻松飘逸

蕾丝布作小物・传递卡哇伊的思念

风格范例 A

棉线+布料+布花
→清新可人

利用绑辫子的方式结合棉线与布条，做出实用度与美观度都一百分的提手，再加上同款布料结合蕾丝、山形带做成的布花，整体感倍增。

蕾丝+织带+布条

想换就换·自己做风格提手

想要做一个专属自己风格的包包，是许多女生的梦想，其实不见得要大费周章完成一个复杂的包款，只要善用素材特性，加以排列组合，就能做出各种风格的提手，让最简单的包款也可以最有自己的个性。

文 / Rong　摄影 / 王正毅　作品制作及部分图片提供 / Emily

People Data

Emily

念的是硬邦邦的机械，却喜欢柔软又有气质的布作及手作，利用上班与照顾孩子之余的时间，细细缝着自己的兴趣，经营着属于自己和家人很有味道也很有意思的生活。

苏・菲

http://www.wretch.cc/blog/SophieYeh

10款风格提手随意搭

1 布条+织带
→简洁清爽

将布条折成略小于织带的宽度，露出一点点织带的部分，是配色，也是构图，制作时只要更换布条的花色，就能更改提手面貌，是很实用的做法。

2 布条+蕾丝
→漫画糖果风

以两条相同的蕾丝，做成点缀的花边，和可爱的图样搭配出很有女孩子气的糖果风提手。

3 蕾丝+织带
→细致个性

选择较细版的织带，在单边车缝蕾丝，细致中可看出强烈的个人特色，很适合喜欢蕾丝又不想要太过女孩子气的人。

4 布料+布料
→缤纷女孩

结合红色系有着可爱图案的布料，拼出缤纷又充满女孩气息的提手，只要改变色系与布花，就能有迥然不同的变化。

5 蕾丝+蕾丝+织带
→温柔触感

以两条同款式的蕾丝，包住织带的两侧后车缝固定，便成为视觉和触感都极具温柔气息的气质提手。

6 棉线+布条
→编织风情

利用编织的方法，更强调手作风的手感，只要变换编织的素材材质或色彩，就能够玩出更多样的风格变化，相当讨喜。

7 织带+蕾丝
→娇巧浪漫

以织带对折，夹住蕾丝的方式车缝，形成可爱与浪漫兼具的褶皱曲线，提起来的手感更不同。

8 蕾丝+织带
→成熟优雅

宽版蕾丝两侧的花边超过织带的范围，更凸显优雅蕾丝的存在感，接近咖啡色的米色系，也让提手风格更加成熟。

9 布条+织带
→点点时尚感

永远经典的点点图案，背面加上同色系的红色织带，成为两面都很好看的双面提手。

10 蕾丝+织带
→端庄大方

蕾丝宽度略小于织带，在典雅的蕾丝纹样旁露出浅色的织带，显得沉稳大方。

善用素材，灵感源源不断

风格范例 B

蕾丝+蝴蝶结→可爱甜美

原本很简单的布料提手，在两端褶皱处饰以蕾丝，并加上同款布料做成的蝴蝶结，甜美度立刻提升。

好用素材1

织带

单色、双色，甚至多色有图案的织带，都是自用搭配两相宜，只利用织带便能做出坚固耐用又好看的提手，再搭配其他素材，就会有更多变化了。

好用素材2

蕾丝、缎带

各种各样的蕾丝和缎带，加上各色布料，就能有无限多的排列组合，不妨挑选不同素材，多试着搭配，大胆尝试，就能让你的风格提手与众不同。

好用素材3

零碎布料

使用布条做成提手，是很常见的做法，而结合其他素材，或者在局部点缀搭配，都是变化的方式。布料的花样及色彩的变化更多样，在选择的时候更需要考量与包包本体的搭配，才能成功掌握整体风格。

缎带绣·细腻优雅的立体层次

缎带绣的特色，在于以刺绣的针法，巧妙运用缎带的各种宽度与样式，呈现丰富的变化与立体质感，不论是单纯的缎带，还是织边缎带、色彩渐变的缎带或者是宽版的缎带，其应用都能让作品有更多样的可能性。

整理撰文／Rong　摄影／王正毅　作品设计、指导／李淑贞　协力制作／吕玉华、俞攸洁

People Data

Cinderella quilt family　李淑贞

集插花、拼布、缎带刺绣等好手艺于一身的超人老师，经营Cinderella quilt family 拼布家族&缎带刺绣教室，对手作、美和艺术有着坚韧的执著，呈现在作品上却是趋近完美的优雅配色与细致柔和，著有《Yo-Yo Crafts》、《极致缎带绣》。

博客：http://tw.myblog.yahoo.com/cinderellaquilt-cinderellaquilt/

E-mail：leeshuchen88@yahoo.com.tw

Part 1
准备篇

准备好，开始最有乐趣的缎带绣

缎带绣和一般刺绣的针法大致上是相同的，不同的地方是缎带具有宽度及弹性，作品会呈现立体感，因此在较短的时间内，可以完成相当大的面积。在进行缎带绣时，拉线的力度要恰到好处，才能完成生动活泼又具有丰富层次的作品。

工具与材料

1.水消笔
2.铁笔
3.布剪
4.穿线器
5.线剪
6.纸剪
7.刺绣针
8.缝线
9.缎带针
10.缎带
11.珠针
12.绣线
13.转印纸

缎带的选择

缎带在材质上可分为软带及硬带两种，其种类、颜色及宽度相当多样，除了一般缎带外，常见的还有织边缎带、色彩渐变或者段染的缎带，都能增添作品效果。在进行缎带绣时，必须选用刺绣专用的缎带，不仅绣得会比较轻松，也比较容易绣出想要的效果。这里我们介绍的作品使用的是日本的MOKUSA缎带。

绣线的运用搭配

在缎带绣的作品上以绣线穿插其间，可增加作品的立体感。这次我们介绍的作品都是使用DMC25号线。

Point

在使用绣线刺绣时，不管一次要使用几股线，将绣线从线捻中抽出时，都必须要一股一股地抽出。

缎带的剪法

缎带的尾端建议以斜剪的方式剪断，穿针时才会比较容易。

缎带的穿针法

1 将斜剪的那端穿入针孔。

2 针穿过尾端约1cm处，并往下拉。

3 拉到底之后，在针孔处固定缎带。

缎带的打结法

1 缎带在尾端约1cm处反折。

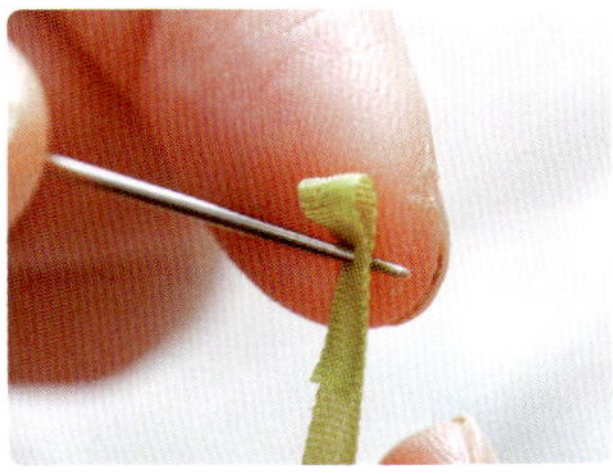

2 针头从反折处的中心穿过。

3 拉到底便完成打结。

学会五种基础针法 就能做出美丽优雅的作品

针法组合应用1：玫瑰化妆包

虽然看起来有点复杂，但可别被缎带绣呈现的层次给骗了，只要运用五种很简单的基础针法，加上绣线与色彩的搭配变化，就可以做出花团锦簇、格调优雅的玫瑰化妆包。

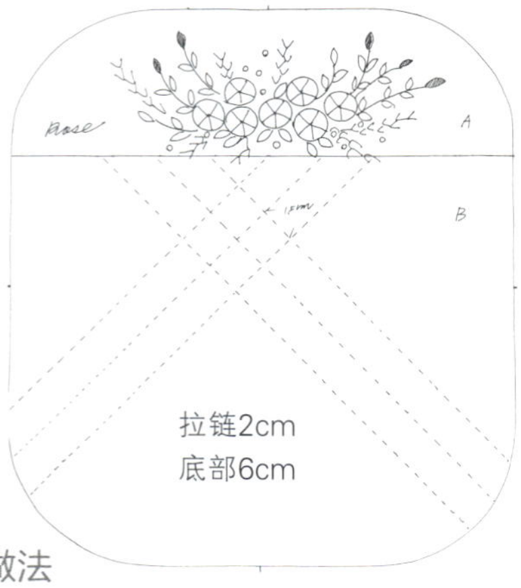

做法

1.参考上图，依个人所需大小制作纸型A、B，依图样裁布，缝份加1cm。
2.在A布上描图。
3.A与B拼接成表布。
4.表布+铺棉+里布，依序重叠后米字形疏缝。
5.在B布上压线。
6.把A布上的疏缝线拆掉后，在A布与铺棉上刺绣，刺绣时要将里布翻开，避免绣到里布上。
7.刺绣花样完成后，连同背面的里布一起滚边。
8.上拉链，即完成。

材料

表布、里布、铺棉、缎带（1540/3.5mm，#034、#035、#198、#366、#374）、相近色系的绣线

基础针法 Step by Step

轮廓绣

部分重叠的短斜针，多运用在轮廓、叶子枝干或花梗处。

1 在布上以水消笔画好线条，针由最上端出。

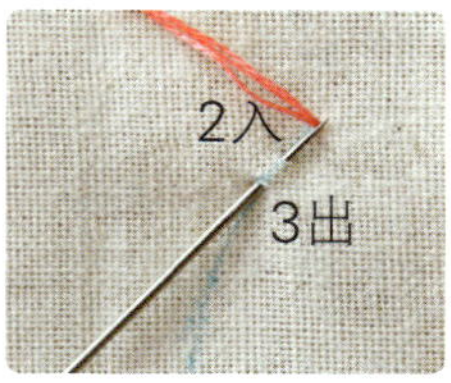

2 2入，回头约针距的1/2处，3出。

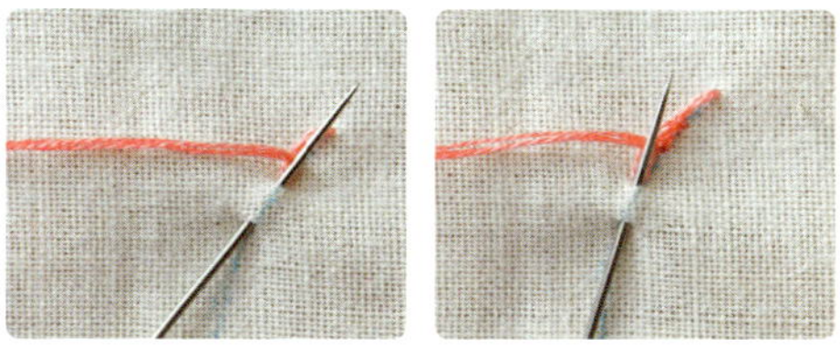

3 不断重复之前的步骤，直到完成。

4 绣完后收针，在背面打结即完成。

Finish！完成。

飞羽绣

顾名思义，绣出来的图形很像羽毛，与缎带绣搭配时多使用在枝丫细梗处。

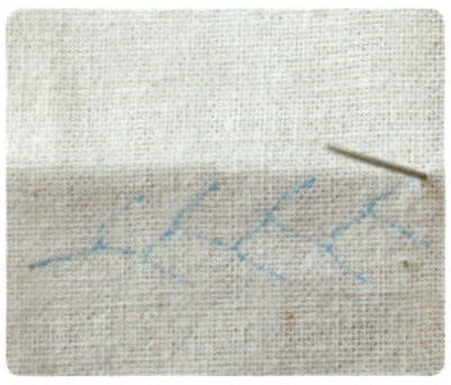

1 在布上画好想要绣的花样，从花样的上端出针。

2 由同一个V字形的下方入针，并从尖端处出针，线绕过针下方，完成一个V字形。

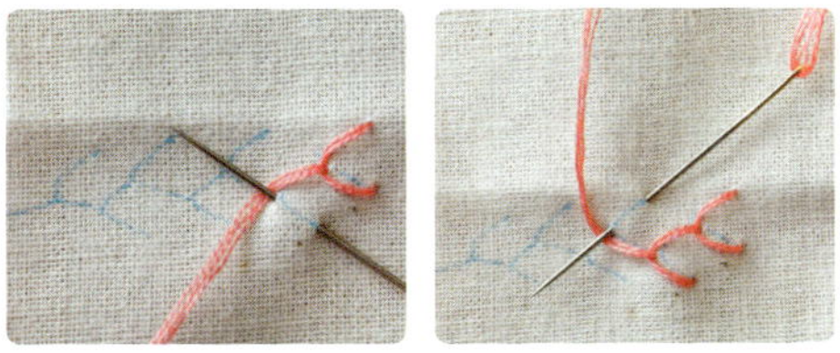

3 顺着图的顺序，重复前两个步骤。

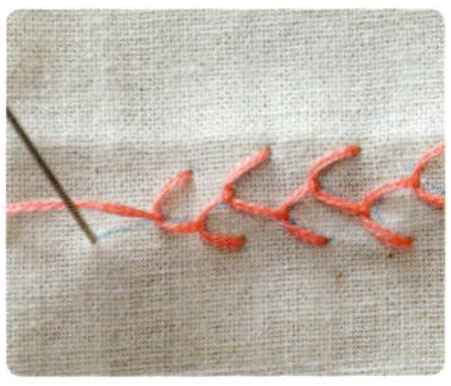

4 完成处收针，在背面打结。

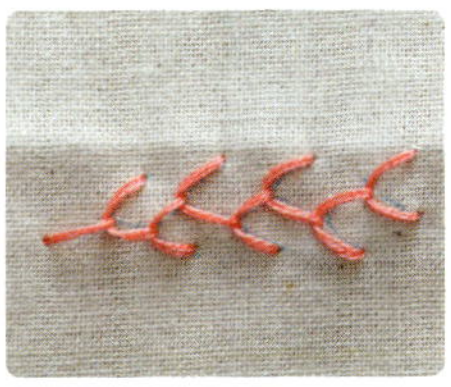

Finish！完成。

法国结粒绣

具有立体感的法国结粒绣，很适合用在作品中，单个或集结皆宜，是很好看的点缀。

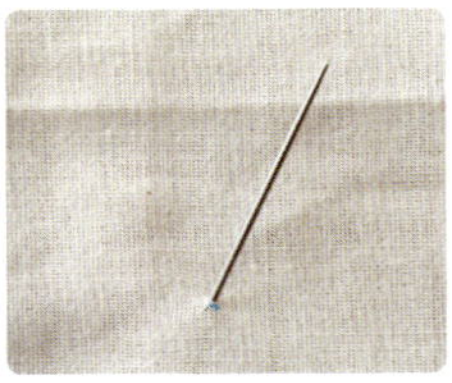

1 垂直出针。

2 拉起缎带后，将缎带绕过针。

3 再拉起后，在步骤1出针处的旁边垂直下针，轻轻往下拉即完成。

Finish！完成。

雏菊绣

可当做花瓣，组合成雏菊的花样，也可当做叶子或花苞，排列组合的方式非常多。

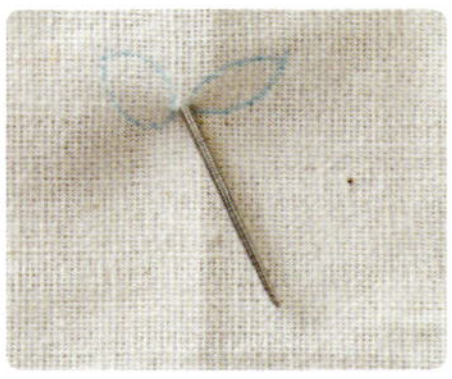

1 从画好的叶子根部出针。

2 在出针处旁边入针，约叶子2/3处出针。

3 缎带绕过针下方并将针拉出。

4 缎带拉直并调整松紧度。

5 缎带压下后，从缎带中间入针，往下拉即完成。

Finish！完成。

网状玫瑰绣

绣出枝干后，以上下交错的方式绕圈，就能绕出一朵美丽的玫瑰，只要增加枝干数及内径尺寸，就能绣出更大朵的玫瑰，但要记得枝干数要维持奇数，才能上下绕出漂亮的花瓣。

1 先画一个圆，并从中心往圆周画出五等分的线条。

2 从左上角出针。

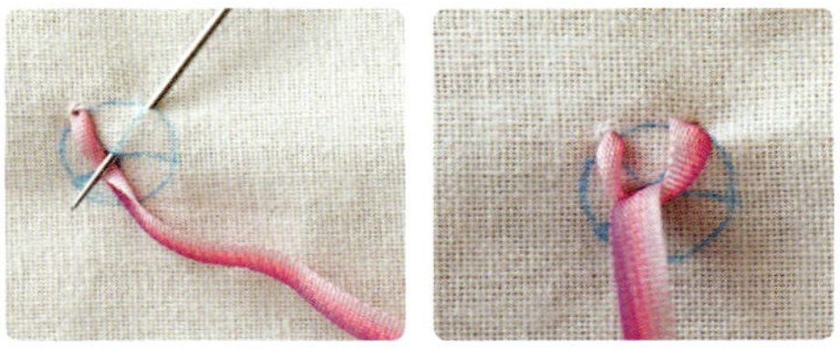

3 右上角入针、中心点出针，并将缎带绕过针下，拉起。

4 针尖穿过缎带，在正下方的点入针，形成一个Y字形。

5 从左下角出针。

6 穿过右上方的缎带下方。

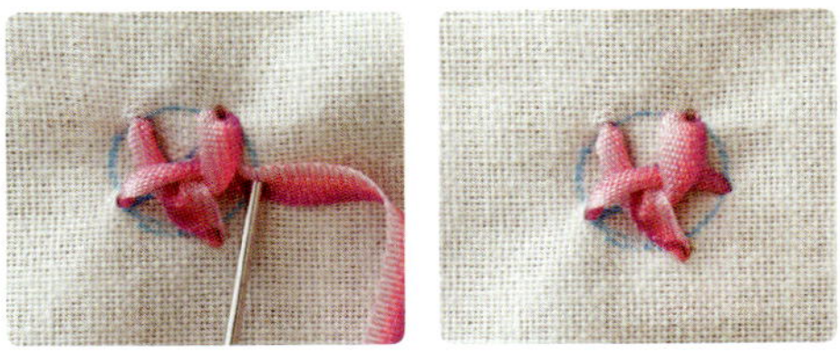

7 针尖穿过缎带，由右下角入针，完成五条枝干。

8 由靠近中心的点出针。

9 接着将缎带以逆时针方向绕着枝干，一上一下绕圈圈。

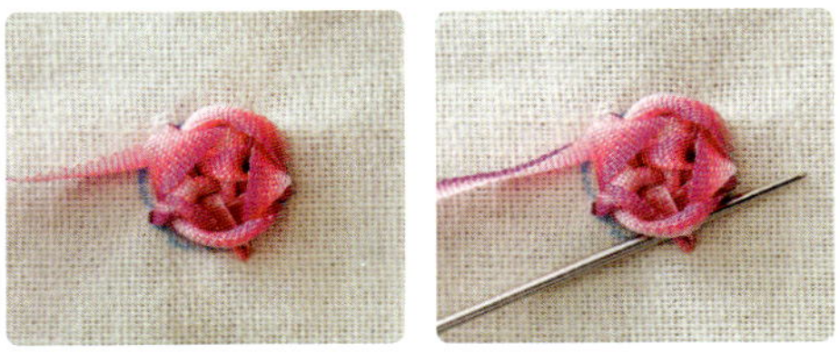

10 重复一上一下绕出一朵玫瑰的花形，直到看不见枝干为止。

11 从两条枝干之间入针收针，在背后打结即完成。

Finish！完成。

针法组合应用2：玫瑰壁饰

应用一样的针法，变化出同系列的玫瑰壁饰，设计成圆形的玫瑰花团，在构图和配色上都相当细致，点缀淡雅的氛围。

针法组合应用3：玫瑰剪刀套

剪刀套的体形较小，图案的设计也随之更改，小幅的构图设计规划更费神，过与不及都会破坏整体的美感。

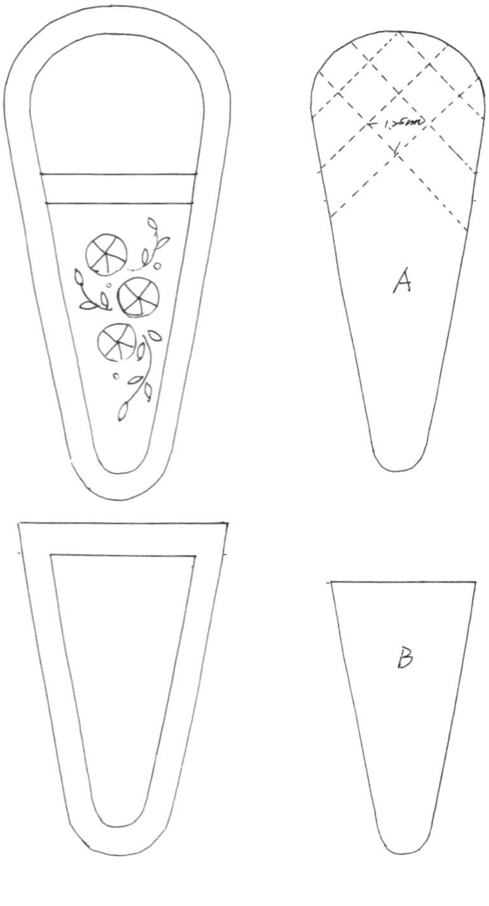

做法

1.参考左图，依个人所需大小制作纸型A、B，依图样裁布，缝份加1cm。
2.在A布+铺棉+里布上疏缝、压线。
3.在B布与铺棉上刺绣，刺绣后在背面加上里布备用。
4.在B布袋口边缘滚边。
5.B布与A布重叠，在边缘疏缝，缝合一圈，固定。
6.滚边后即完成。

蕾丝+蕾丝花片+轻薄布料

蕾丝围巾·就是要轻松飘逸

炎炎夏日的酷暑虽然炙热难耐，但室内空调的冷气吹久了也会感到不舒服，利用轻薄透气的布料和飘逸的蕾丝，做一条有自己味道的蕾丝围巾吧！可保暖又可搭配衣服，轻松飘逸。

作品制作 / 女生家milli　文 / Rong　摄影 / 王正毅

People Data

女生家milli

玩布、玩手作，利用各种创意和巧思把家变得更美更温馨，经营网络卖场，出售自家工厂生产的蕾丝与自己做的手作家饰品，也分享对家与手作的旖旎梦想。

女生家的爱恋

http://tw.myblog.yahoo.com/milli-story/

Style 1

简单优雅　沉稳大方

取花样简单的棉布，车缝布边后，在棉布的三边加上一条主体感强烈的水溶蕾丝，简简单单即完成搭配度很高的优雅围巾。也可剪下蕾丝局部的立体刺绣花样，应用在作品里，增加更多层次变化。

Style 2

随意披挂　轻薄飘逸

轻薄飘逸的网布对折车缝，在中央加上一条较有主体感的蕾丝，再挑几款样式较简单的蕾丝加在两端，是点缀，也是映衬。车缝蕾丝时不必拘泥于网布范围，可留一段垂坠于外，更增飘逸效果。

Style 3

细致玲珑　气质取胜

宽版的水溶蕾丝旁车上棉布蕾丝，再在周围滚上一条小花蕾丝的花边，细致的蕾丝花样让整条围巾显得相当秀气。

Style 4

轻舞飞扬 飘荡跃动

将两条蕾丝花边斜裁之后，车缝为菱形的围巾，再随意加上蕾丝花片与蕾丝花朵，轻透的薄纱材质，以及不规则垂挂点缀的蝴蝶与花朵，都让这条围巾更有令人惊喜的立体感与跃动感。

Style 5

直接运用　效果奇佳

用剩的网纱刺绣蕾丝，一整块直接披在身上，效果也相当惊人，不管是当做围巾还是披肩，实用度与吸睛度都是一百分。

说到蕾丝，还有这些……

1.烫金蕾丝

2.双色立体蕾丝

3.镂空网纱蕾丝

1.刺绣完成之后再施以烫金程序，让线与纱的组合又多了更多种可能性。

2.在蓝色网纱上，用双色纱线刺绣的花样加上立体突出的花形，更增层次感。

3.常见的网纱蕾丝，多了蝴蝶结花样底下的圆形镂空，就让质感更上一层楼。

蕾丝+布料+布胶带+配饰

蕾丝布作小物·传递卡哇伊的思念

用布做的明信片不仅少见而且特别，更棒的是，它还真的可以寄送。结合了蕾丝、布料、布胶带和小配饰，再细细绣上祝福的话语，传递幸福语汇的明信片就完成了。

文 / Rong　摄影 / 王正毅　示范 / 黛娜

People Data

黛娜

手作达人也是手作玩家，将自家车库改成所有手作人梦寐以求的手作工作室，从手工皂、橡皮章、黏土、木工，到做娃娃、编织都有涉及，玩手作玩得十分专心也十分专业。

黛娜的家

http://blog.xuite.net/denahuang/denahouse

Step by step

材料

正反面布料、盖章用布、蕾丝、布胶带、纽扣、配饰、百丽代、绣线等

1 取一张普通明信片，用擦擦笔在正面表布上画出明信片外框大小。

2 取橡皮章，将喜欢的图案印在亚麻布上。

3 将图案四周的布往内折至适当的大小。

4 将蕾丝摆在想要摆放的位置，粘上布胶带，并将盖好章的布车缝固定在表布上。

5 取蕾丝用珠针固定在亚麻布周围，并车缝固定。

Tips 明信片的精致小技巧

- 转角处的蕾丝要稍微折起，车缝时才会美观。
- 建议塑料片比明信片的长宽略小约1cm，较好放入。
- 盖章的部分，也可以依喜好或需求改成转印相片或者其他图案，变化更多样。
- 用擦擦笔画，熨斗烫过就会消失，所以可以画在布料的正面，方便配置。
- 如果是打算邮寄的明信片，建议不要有太多凹凸的装饰在上面，以便通过邮局的机器。

Step by step

6 在车好蕾丝的四角缝上纽扣。

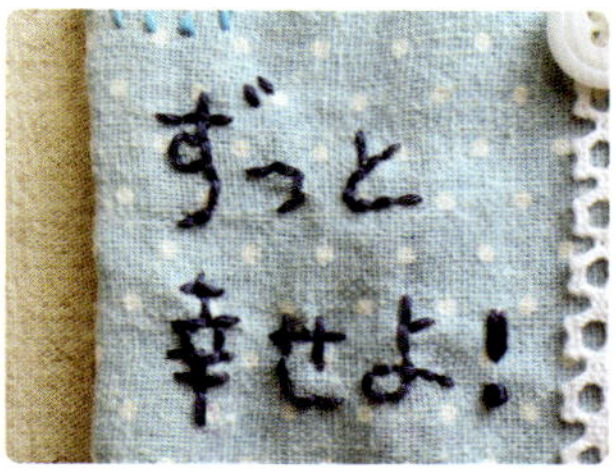

7 正面表布空白处写上要绣的字句，并用同色系较深的绣线绣上。

8 背面表布一样取明信片画出外框，并粘上布胶带、缝上百丽代。

9 在布胶带上，缝上小熊配件。

10 两片表布正面相对，以珠针固定后缝合三边。

11 剪掉四个角的布。

12 翻至正面，稍做整烫后放入裁好的塑料片。

Point 整烫时要避开布胶带，避免有背胶的布胶带变色。

13 缝合最后一条边。

finish!
完成

同场加映

蕾丝布作书签，让阅读更有感觉

和明信片做法相同，只要改变尺寸，并加上织带、蕾丝及缎带，搭配包扣或者小吊饰，就能完成既美观又实用的布作书签，让看书时的感觉更上一层楼。

A 蓝色海洋风 · 夏日感布书签

印有英文字的布标、蓝白红缎带和浅蓝色水玉底布，加上木质纽扣，这款海洋风布书签很适合夏天午后边喝咖啡边看书时使用。

B 超卡哇伊 · 甜美感书签

点点和线条最速配了！粉红色的点点布和条纹布，加上甜美感十足的布标和蕾丝，以及利用圆点布做成的包扣，散发出无比耀眼的青春甜美。

C 浪漫满点 · 蕾丝花样书签

柔美的粉红底花布，加上具有浪漫感的蕾丝与布标，以及心形的吊饰，简简单单搭配出有如微风轻抚般的浪漫感。

D 热情洋溢 · 书签也可做笔袋

红底白点的热情洋溢，有了蕾丝、织带的搭配，更显得理直气壮；多做了一个隔层，不仅可以当做笔袋，也可以当做卡片套，多种用途，好看又实用。

策划 2

五金&拉链百搭超活用

关键技巧·做出**完美口金包**
浪漫玫瑰**化妆包**
拉链百科Q&A
So Easy！**弹性口夹**不败攻略
拉链组合新创意

关键技巧·做出完美口金包

口金包百变的身形，人人都喜欢。下面将从一系列的步骤示范中，展示关键的技巧。跟着老师的脚步就不会出错，一起来做出完美口金包吧！

文字整理／王韵铃　摄影／陈家伟　示范／台湾喜佳　杨晓云

People Data

台湾喜佳 杨晓云

毕业于文德女中服装科，为台湾喜佳第一届机缝讲师，有13年的拼布教学资历，擅长美式拼布、手工刺绣、动物填充玩偶，目前担任台湾喜佳新竹新光三越专柜才艺老师。

材料

表布

上袋身（依纸型）　2片

下袋身（依纸型）　1片

侧身（依纸型）　2片（烫厚布衬）

里布

袋身（依纸型）　2片（烫厚布衬）

侧身（依纸型）　2片（烫厚布衬）

Step by step

1 表布上下袋身车缝0.7cm缝份接合，并将缝份烫开。

2 将表布烫上厚布衬。

Point 1 烫布衬
布料烫上厚布衬时，在还没有完全冷却前请不要进行车缝，否则容易起泡。

3 将表布与侧身使用强力夹固定并车缝。

Point 2 缝合不位移
接合袋身与侧身的时候，用强力夹固定布料，车缝会更完美；若没有强力夹，则可以疏缝代替。

4 将表布袋身翻回正面。

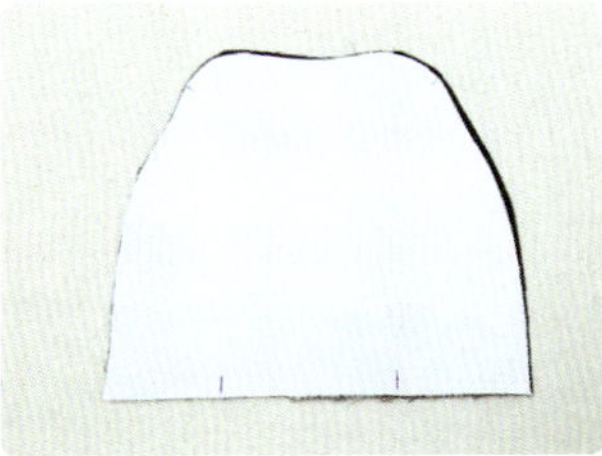

5 里布袋身布于袋底处留约12cm返口不车缝，另两边车缝并将缝份烫开。

6 将表里布正面对正面，圆弧处剪牙口。

Point 3 圆弧的口金处理
剪牙口时，可用波刃剪刀修剪缝份处，注意不要剪到车线。

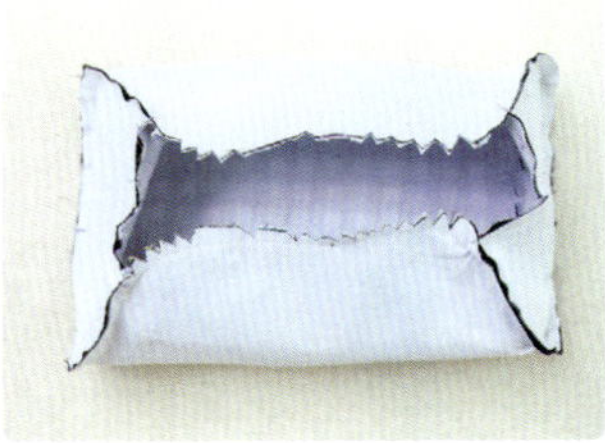

7 表里布袋身的袋口处以强力夹固定，并车缝一圈。

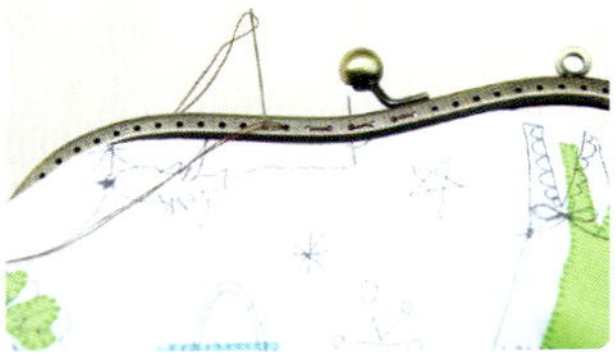

8 翻回正面，返口处以藏针缝针法手缝固定，接着抓出袋身和口金的中心。

Point 4 包身均衡对称
袋口中心做记号，与M形口金的中心点用珠针先固定，并手缝中心两边各约4cm。

Point 5 手缝线选择
手缝口金时，可选择接近里布颜色的缝线，避免包包打开时，缝线过于明显。

9 缝上口金后，即完成。

Point 6 口金与袋身接合
口金要缝得精致，要先分别找出口金与袋身及侧身的中心点，用记号笔做记号，再将口金套上。手缝则先缝中心点左、右约4孔处，再由两边往中心点手缝固定，如此便能确保口金与袋身的尺寸相吻合。

Point 7 收针
口金缝至最后一针时，需回针往前缝一针，再由最后一个孔出针，并在线的末端打结。接着，由倒数第二个孔缝穿入，将线结藏入布里面，最后再将线头剪掉即完成。

Plus
口金包的袋口若不是以返口翻回的做法制作，可能会造成须边，建议先将边缘拷克后再加口金。

拉链外车也漂亮

浪漫玫瑰化妆包

制作包包时，通常习惯将拉链隐藏在口布之下，但若拉链本身就很有特色，那么不妨大胆地使用拉链外车的方式，让拉链也能有点缀的效果。

文／王韵铃 摄影／陈家伟 示范／台湾喜佳 杨晓云

利用手边的蕾丝，就可以DIY加工，将普通的拉链做成蕾丝拉链，外车也好看。

化妆包的边缘以包绳方式处理，让包身更挺。

Step by step

材料

表布依纸型烫上厚布衬
里布依纸型烫上厚布衬
口布依纸型两片烫上厚布衬
3cm×80cm包绳布（斜布纹）1条
细棉绳 1m
1.5cm宽蕾丝 1m
30cm长拉链 1条

1 将口布两片分别用熨斗对折烫好，将拉链粘上水溶性双面胶带。

2 将口布粘在拉链背面。（口布距离拉链约0.3cm）

3 取一段蕾丝粘贴在拉链的正面。

4 蕾丝两侧使用拉链压布脚车缝。

5 口布的背面会有两道车缝线。

6 将包绳布用珠针固定于表布上。

7 车缝1圈，并剪去多余的包绳布。（缝份约0.5cm）

Point 1 车缝包绳时，换装可调式拉链压布脚，压布脚便不会压到包绳，车缝更顺手。

Point 2 包绳的接合处先用手缝针手缝固定。

8 包绳车缝完成。

9 取口布与表布，使用强力夹，将4个中心点先行固定。

10 再利用可调式拉链压布脚车缝一圈。

11 取里布做4个中心点记号，于侧边留约12cm返口，并于返口处距离边缘0.7cm先车缝一道。

Point 3 此处先车缝，作品完成后，由返口处翻回正面时，返口处较不易变形。

12 将里布与表袋身用强力夹先固定4个中心点。

13 将固定好的表里布车缝一圈，返口不车。

14 于返口处翻回正面。

15 返口处藏针缝合，即完成。

缝纫讲堂2

拉链百科Q&A

拉链实用、便利，市面上各种材质都买得到。依布作需求、使用习惯的不同，选一条适合的拉链，通过小技巧的辅助，拉链可以缝得更漂亮。

Q 拉链有哪些种类？

A 依照使用方式，略可分为单开拉链、双开拉链、双面拉链、隐形拉链、蕾丝拉链。

Q 车缝拉链时有什么工具能让成品更美观？

A 建议使用水溶性双面胶固定，再搭配拉链压布脚使用。

Q 如何计算袋口所需的拉链长度？

A 原则上测量袋口一圈长度即可。

Q 制作内口袋时，拉链长度该怎么选择？

A 通常内口袋会用到的拉链，长度多为14～25cm。

Q 有什么方法可以快速又简单地装饰拉链头尾端？

A 可利用包扣或纽扣上下夹缝，也可利用各式造型的YO-YO装饰。

Q 洋裁制作时会用到哪些拉链？

A 裙、裤类多为尼龙拉链，洋装或是比较合身的衣物多为隐形拉链，外套夹克类则是以开口塑钢拉链为主。

Q 如何依拉链长度制作一字拉链口袋？

A 制作一字拉链口袋时，袋口长度应为实际拉链长加0.5cm，高度为1cm。（例如：20cm的拉链，则袋口尺寸为20.5cm×1cm）

Q 若手边正好没有缝纫机，还有其他方法可缝制拉链吗？

A 可使用手缝针法的回针缝或是半回针缝。

Q 除了购买现成蕾丝拉链外，还有什么装饰拉链的好点子？

A 可先将拉链疏缝固定于袋口正面，再选用喜爱的蕾丝和拉链一起压线固定，也可选用缎带制作。

口布余裕+压线固定+刺绣配件

So Easy!弹性口夹不败攻略

喜欢做包包的人对弹性口夹肯定不会陌生，利用这一个小小的五金，就能轻松单手开合包包，非常方便实用。只要在制作时掌握一些要诀，就能完成漂亮又耐用的弹性口夹包，若使用可加上活动式背带或提手的口夹五金，则可当成斜背包或提包，变化丰富又好玩。

整理撰文 / Rong　摄影 / 王正毅　示范、绘图 / 青耘 Sophia

People Data

青耘 Sophia

从事拼布教学多年，长期在社区大学教授拼布，接触程度不同的学生，因此更懂得传授制作时该注意的要诀。对拼布的热情一直都熊熊燃烧着。

青耘甜蜜手作拼布

http://tw.myblog.yahoo.com/mosaic-quilt/#

弹性口夹，这么做就对了

按部就班，掌握几个诀窍，并懂得利用刺绣、配件装饰，就能做出漂亮又实用的弹性口夹包。

弹性口夹

弹性口夹有各种尺寸，但因为是以按压弹开的方式开启，所以尺寸都不大，方便单手操作；另外也有以挂钩五金取代螺丝的做法，可以加上活动背带或提带，更有变化也更实用。

配件好好用

除了各式活动式的提带或背带，在制作弹性口夹时也可以加入缎带、蕾丝、纽扣、织片等配件，让包包拥有更丰富可爱的外形。

材料与尺寸图

深色调棉布适量、浅色DMC25号刺绣线、弹性口夹1cm×10cm（高×长）、美国铺棉

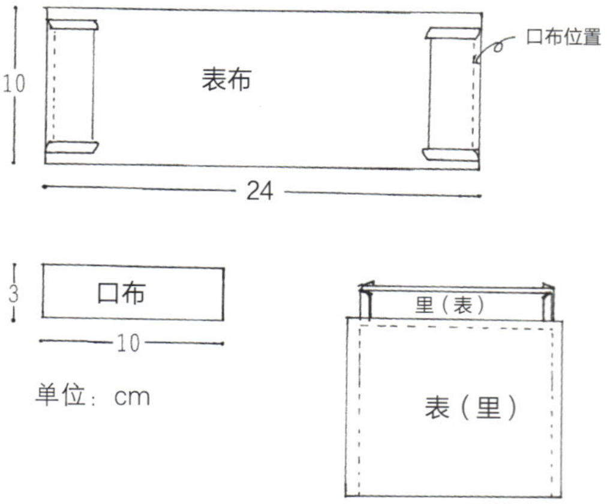

Step by step

1 将布条裁剪为2cm×10cm（缝份外加0.7cm），12种花色，前后共24片。

2 将布条正面相对，用珠针固定后，平针缝合，第一针和最后一针都要回针。

Point 每拼缝两片，就要整烫固定。此作品缝份全部倒向同一方向。

3 将单面12片布条依喜爱的配色缝成24cm×10cm的大小。

4 整烫后，每个布条交界处以两股DMC25号刺绣线，分别绣上喜欢的花样，依此完成表布。

Point 绣线建议选择反差较大的色彩，视觉效果更佳。

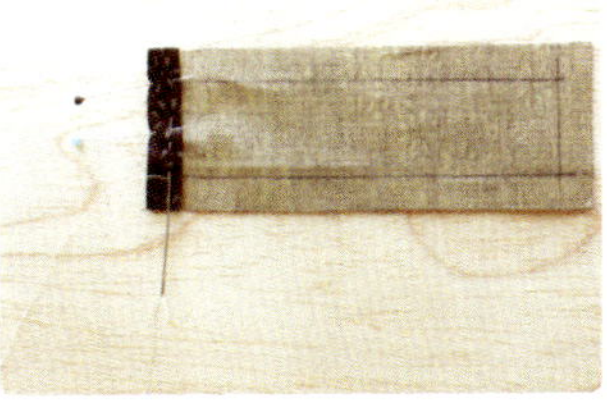

5 制作口布：口夹规格1cm×10cm，口布设计为3cm×10cm两片（缝份外加0.7cm），左右两侧先折入缝合固定。

6 左右缝好的口布对折，缝份处疏缝固定，备用。

Step by step

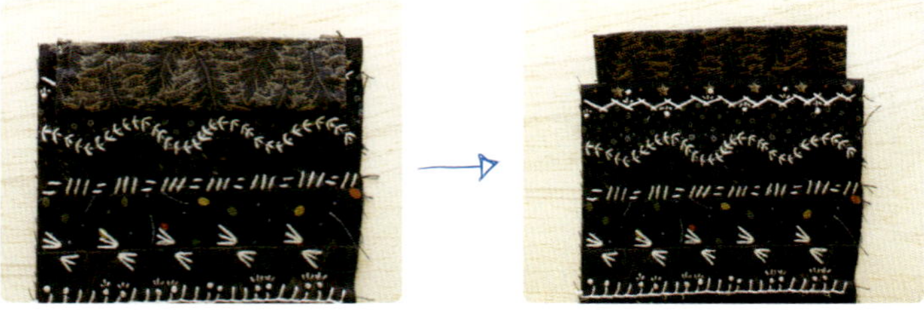

7　口布挨着表布上下端假缝固定，摆放时避免误占缝份位置，以免错缝。

8　表里布正面相对，最下层叠铺棉，保留6cm返口，周围缝合。

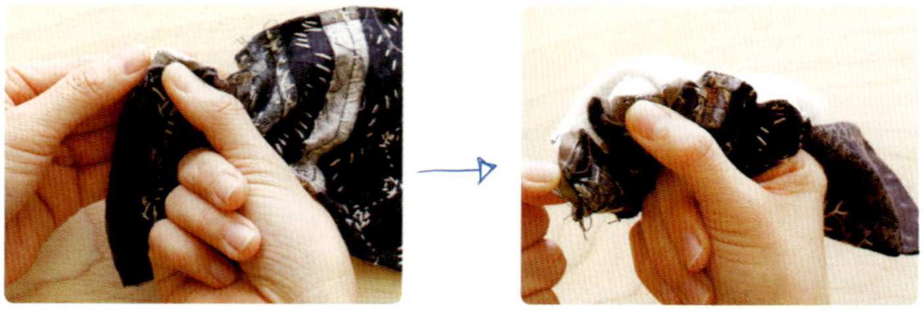

10　将作品四角处缝份折成90°角，手指抓住布角，翻出正面。

11　翻出正面后，稍微整烫，缝合返口。

14　表布折双，以隐藏针法缝合两侧，完成包包主体部分。

15　将口夹套入口布内，用老虎钳将螺丝钳入。

finish!

Point 口布部分可先往内折一点，避免被缝到。

9 小心修掉缝份外的铺棉，修得越靠近缝线越好。

12 用手指把里布往内推，用珠针固定，再沿外缘向内1cm处以星止缝固定一圈。

13 取咖啡色线局部压线，固定铺棉。

Tips 这样做，口夹更漂亮

· 示范时使用白色线，示范效果较为清楚，实际制作时请选择同色系的线，较为美观。
· 一般弹性口夹的口布设计，多半较口夹规格略长、略高，做起来才会漂亮，稍留余裕，让施压开启瞬间，金属口夹有足够的空间伸缩，而接合处因此产生的褶皱，则带点浪漫情怀。
· 为避免表里布接合时误将口布咬合，可先将口布内折疏缝固定，避免错缝。
· 翻至正面时，手指要伸进去牢牢抓住布角，一次翻出，这样翻出来的90°角才会漂亮。
· 可依喜好选择刺绣的图样，让变化更丰富多样。

idea 1

变化刺绣方法·表现丰富层次感

采用褶皱绣（smocking stitch）的刺绣法，完成的褶皱效果令人惊艳，刺绣的图案与布上的圆点恰好形成花与菱形的图案，典雅中透着活泼。

弹性口夹，也可以这样变

换种材质，加上不同的五金配件，试试看，只要简单的技法和变化，就能让弹性口夹包变得更丰富多彩。

idea 2

结合不同的素材增添视觉效果

拼布与钩针、布料与蕾丝，结合不同素材，不仅让完成的包包更显趣致，握在手上的触感也更加不同。

idea 3

加上配件功能更多样

除了方格布与刺绣花样的搭配变化外，这个包包使用的弹性口夹还多了可加上活动提带的挂钩，让功能更多。

一条拉链让你一次拥有两款包包

拉链组合新创意

拉链这个看似平凡的布包配件，其实有着超乎想象的创意玩法。借助拉链的开合，扁包可以变身为有底包，外出用的包款，也能随性地改变大小。在小静老师的巧手下，每一款包包，都能自由自在地改变用途，并在设计上无限延伸。

设计示范／阿布豆　黄思静　文／Amy　摄影／陈熙伦

People Data

黄思静

喜欢手作、喜欢简简单单的生活，自己动手，打造平凡的简单幸福。

阿布豆工作室

http://tw.myblog.yahoo.com/sweet-hause/

Bag #1

扁包变身有底包

外出时的购物包，若要装体积大一点的物品时，包包总容易变形。只要巧妙地运用拉链围出方形的区域，一个动作就能使包包空间增大，内部可容纳更多物品。

材料

表布		
主体上片	31.5cm×21cm	2片
厚衬	30cm×19.5cm	2片
主体下片	31.5cm×20cm	2片
厚衬	30cm×18.5cm	2片
里布		
主体	31.5cm×39.5cm	2片
贴式口袋	26cm×24cm	1片

（备注：表布、里布的尺寸皆含0.7cm缝份）

底袋布	18cm×18cm	1片
底袋纸衬	18cm×18cm	1片

（备注：需另外加0.5cm缝份）

拉链	长约55cm	1条
织带提手	约33cm（1尺）	2条

Step by step

制作底袋

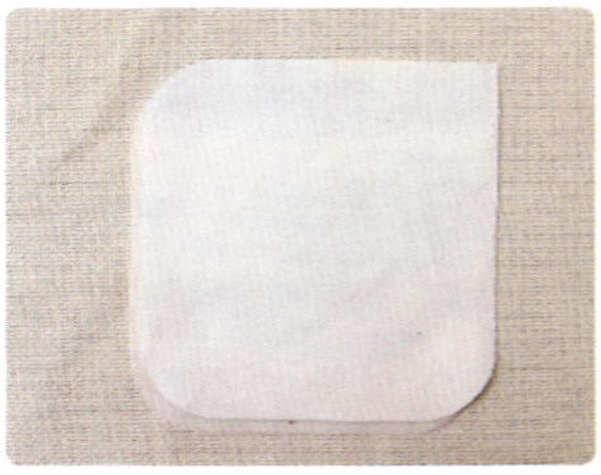

1 底袋布和底袋纸衬裁切成18cm×18cm大小，叠放一起并将三个角剪成圆弧状，一个角维持直角。

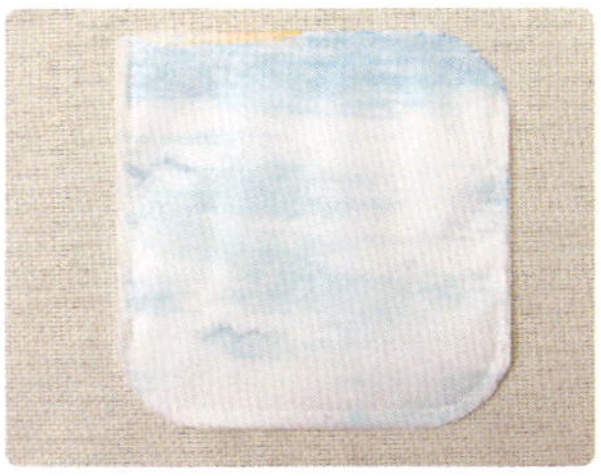

2 沿着边缘车缝好。

3 将底袋的直角处斜剪。

4 圆弧处则利用剪刀剪出牙口。

5 用剪刀剪开纸衬并翻回正面。

6 翻回正面后调整边角细节处。

7 稍加整烫后，底袋即完成。

Step by step

接合底袋和拉链

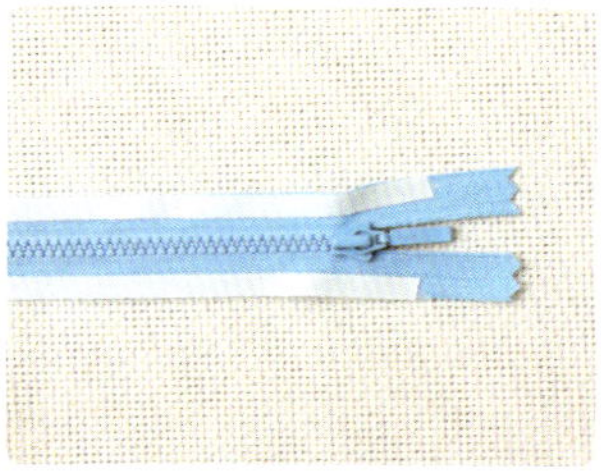

8 将拉链上下处皆粘上水溶性双面胶带。

9 拉链开口处往内折后用双面胶粘起来。

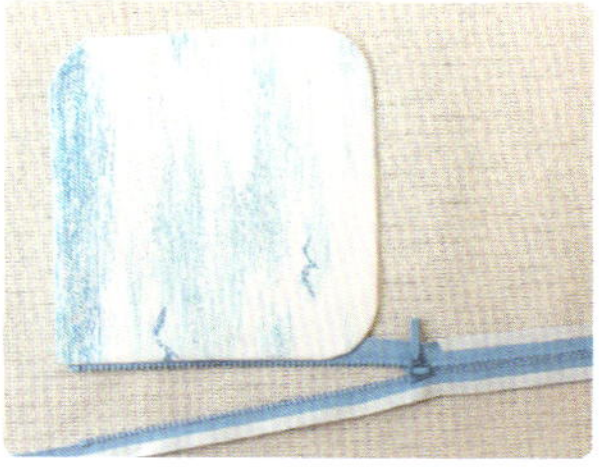

10 先撕开一小段，从底袋的直角处沿着布边和拉链齿黏合。

11 碰到转角处，可先在拉链上剪几个牙口方便转弯。

12 转弯处顺着圆弧轻轻粘上即可，不可用力拉扯。

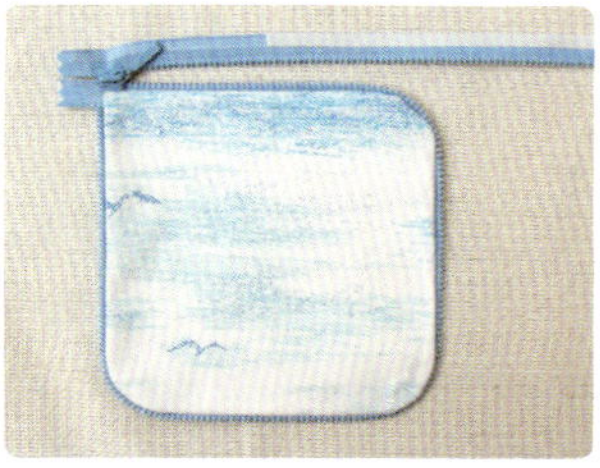

13 顺着边缘粘一圈。

14 最后将拉链收整即可。

外袋制作

15 将两片上片正面相对，将单边车缝好。

16 下片也同样正面相对，将单边车缝好。

17 上片和下片皆需翻回背面，将车缝处摊开烫平。

18 下片正面边缘要缝合袋底处，往内量约2.5cm做记号。

19 利用双面胶或珠针，将下片的布边和拉链的布边对齐。

20 结尾处也要记得把拉链布边往回折。

21 将下片拉链上的双面胶带撕下，将上片覆盖在双面胶带上固定。

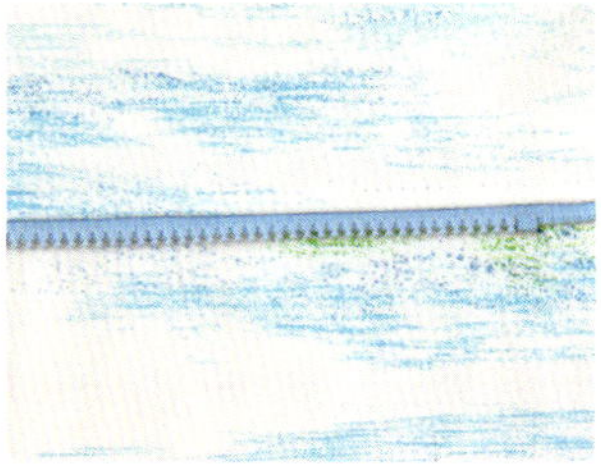

22 将拉链与上片车缝固定，注意缝份倒上烫平。

Step by step

内里制作

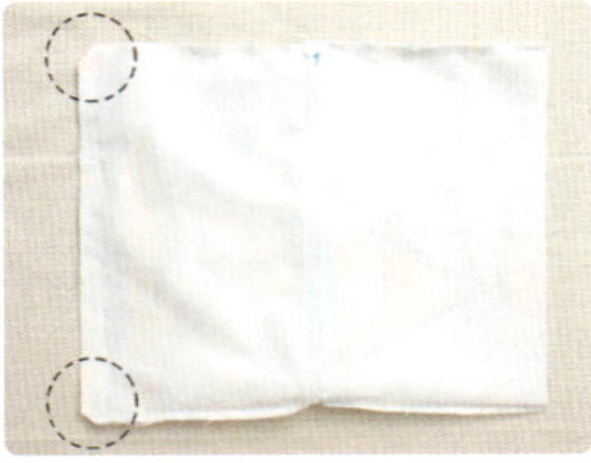

23 将已接合的表布，正面对正面，边线车缝好，并在底部处斜剪牙口。

24 量出中心点后，左右各留5cm缝上提手。

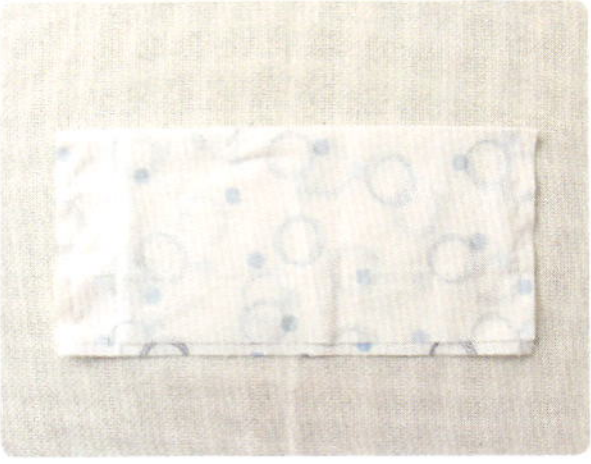

25 将26cm×24cm的贴式口袋布对折后，左右车缝固定。

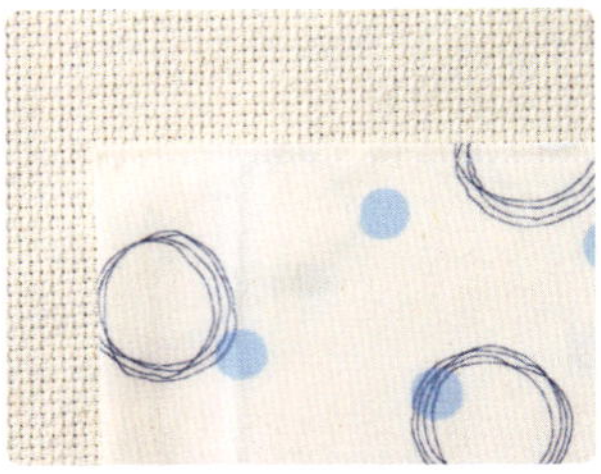

26 翻回正面后，在对折处车缝装饰线。

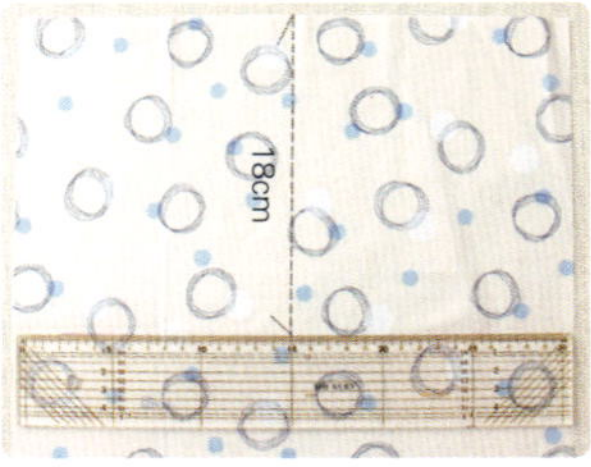

27 将31.5cm×39.5cm的里布，从上方往下量出18cm，作为中心点。

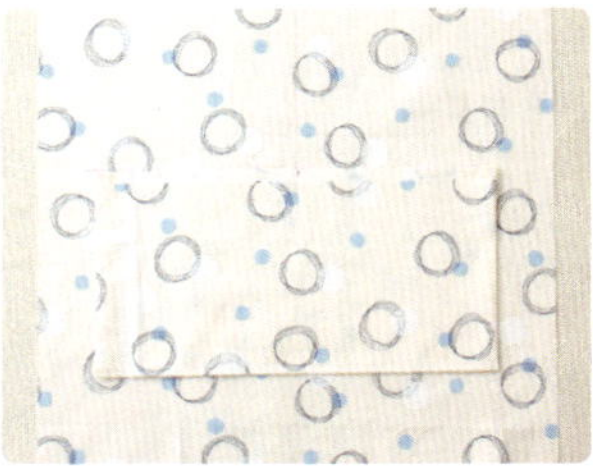

28 将里布和贴式口袋布中心点对齐。

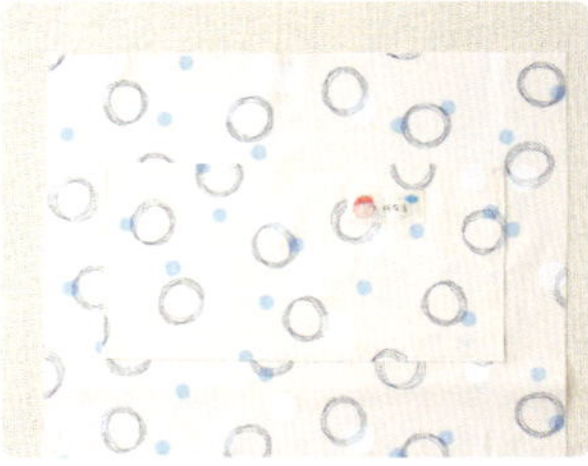

29 将里布和贴式口袋布以U形车缝好，可再多车一条线分割成两个口袋。

30 将31.5cm×39.5cm的两块里布，正面对正面以П形车缝好，并在底部留下返口。

接合内里和外袋

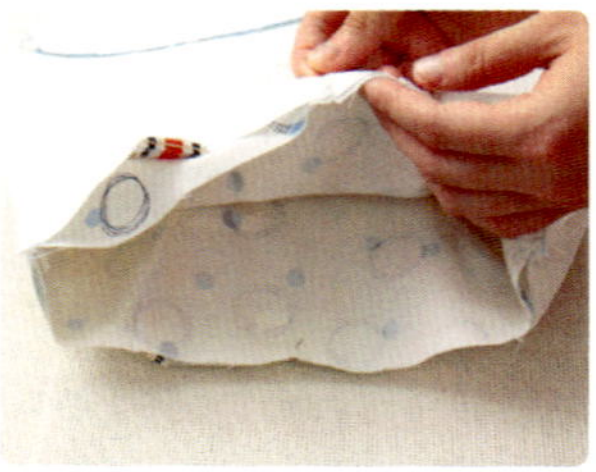

31 将制作好已翻回正面的内袋，和表布正面相对套入，并用珠针固定。

32 从内袋的返口处拉出外袋，翻回正面。

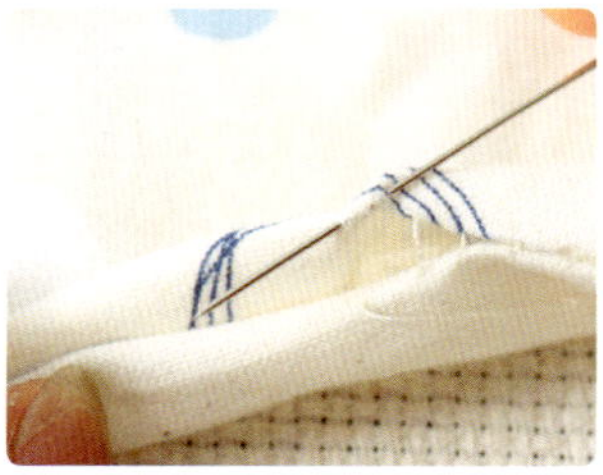

33 返口以藏针缝缝合。

34 最后在袋子的开口和提手连接处，车缝装饰线就完成了。

finish!

Bag #2

大小包随身变

无论是外出用的购物袋，还是小朋友上学时的小提袋，都可以任意变化大小，创意百分百。

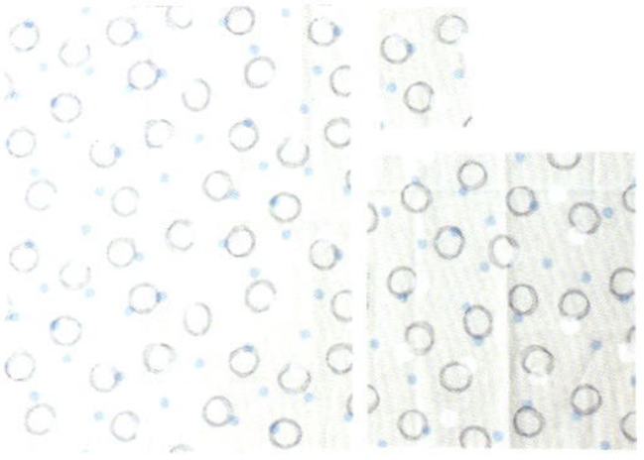

材料

表布

主体上片	31.5cm×21cm	2片
厚衬	30cm×19.5cm	2片
主体下片	31.5cm×20cm	2片
厚衬	30cm×18.5cm	2片

里布

主体	31.5cm×39.5cm	2片
贴式口袋	26cm×24cm	1片

（备注：表布、里布的尺寸皆含0.7cm缝份）

魔鬼粘用布8.5cm×11cm	4片
拉链长约58cm	1条
织带提手长约33cm（1尺）	2条
魔鬼粘2.5cm×4cm	4组

Step by step

里布制作

1　将8.5cm×11cm的魔鬼粘用布如图往中间对折。

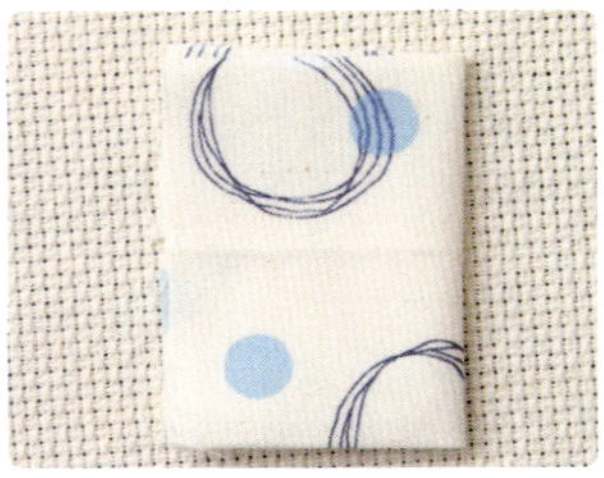

2　对折后再左右对折。

3　将魔鬼粘的毛面车缝固定在折好的布上。同样方法共制作四份。

4　在两片主体里布上标出距边缘2.5cm和2cm的魔鬼粘固定处。

9　然后对齐8cm的记号线下方，单边车缝固定。

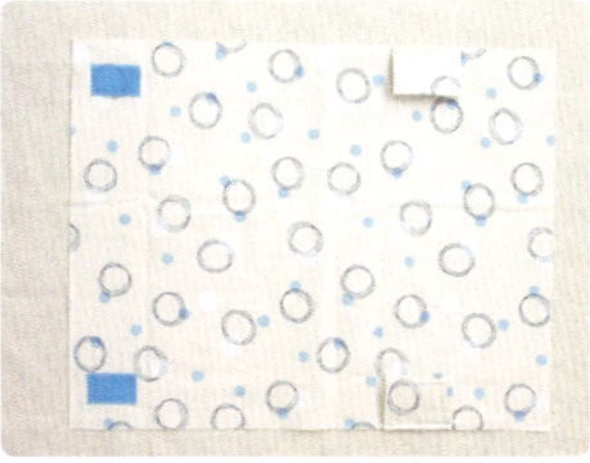

10　另一组魔鬼粘毛面配件也单边车缝固定。

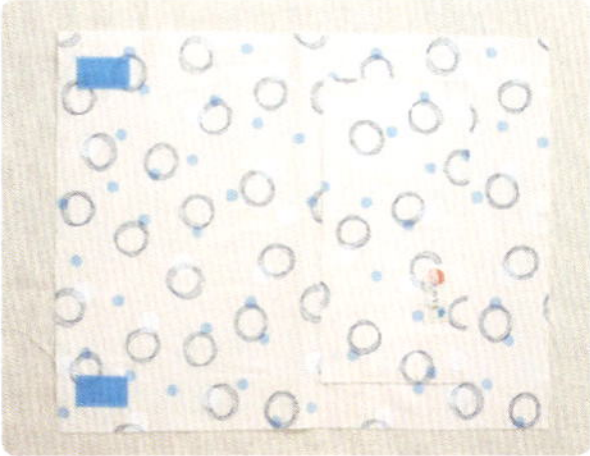

11　在另一片里布上制作口袋。

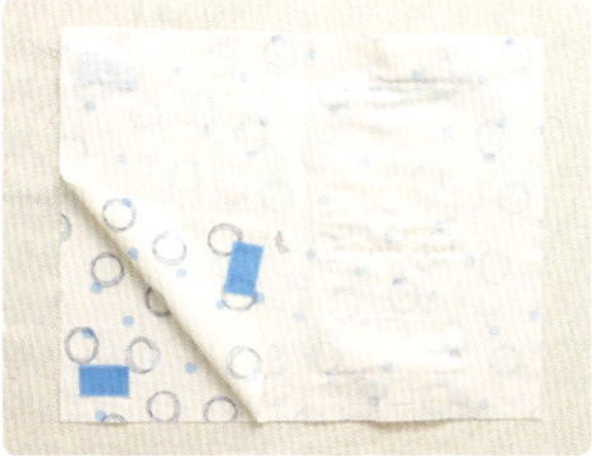

12　两片里布正面对正面。

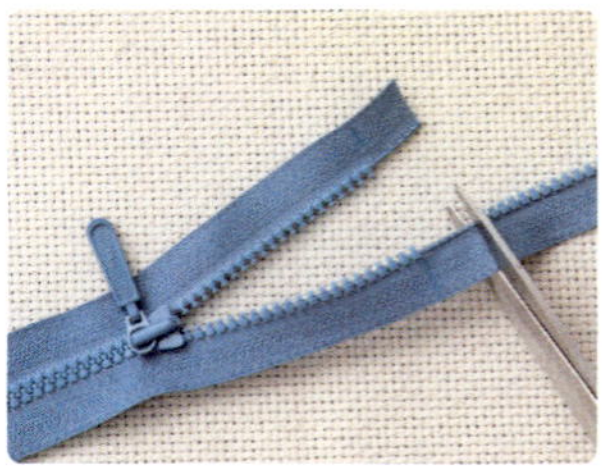

17　并裁剪成适当的长度。

18　在下片2cm处做记号。

19　拉链尾部从做记号处开始摆放。

20　上片则是正面对正面，粘贴在下片，注意上片要上下颠倒。

25　另一组下片和上片正面对正面摆放。

26　正面对正面时，将拉链固定车缝上即可，翻过来如图。

27　将组合好的表布正面对正面，要特别注意拉链位置。

28　正面对正面以∏形车缝好后，在中心点左右5cm处车缝上提手。

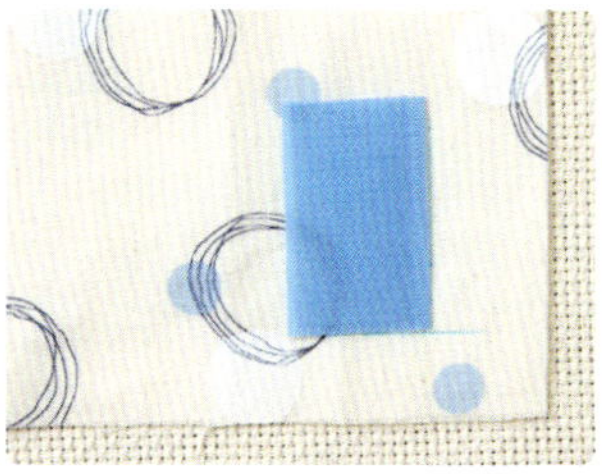

5 分别将魔鬼粘的钩面车缝上去。

6 两片主体里布的下方左右皆车缝钩面，共4处。

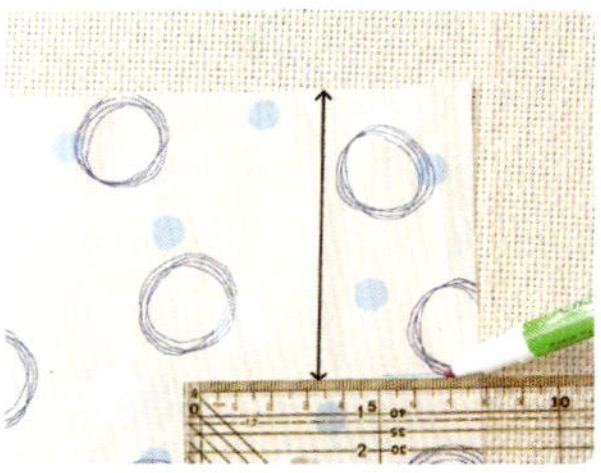

7 取一片里布，从上往下量8cm做记号。

8 将已做好的魔鬼粘毛面配件两个1组，毛面对毛面重叠。

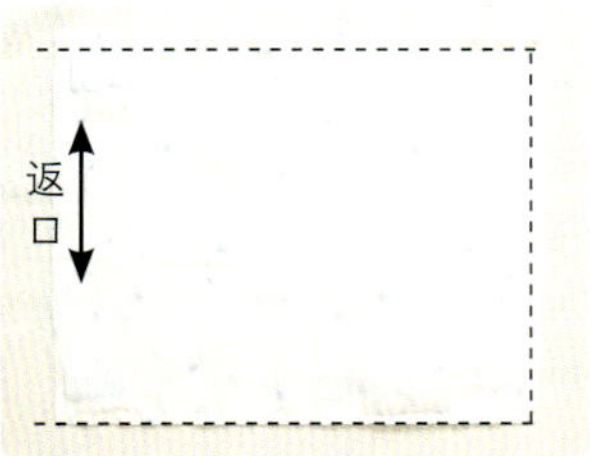

13 以ㄇ形车缝好后，在下方留下返口。

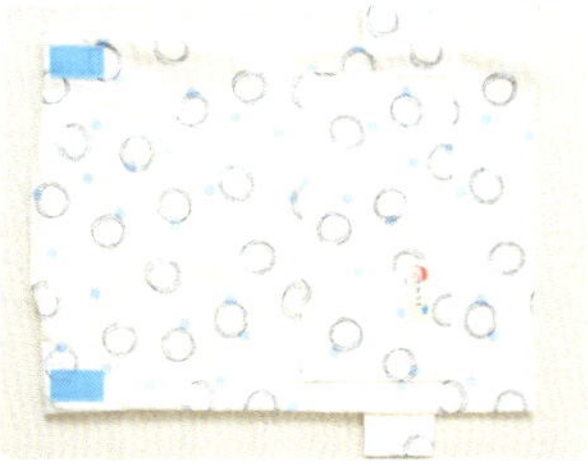

14 将里布翻回正面。

表布制作

15 先测量表布的宽度，往内缩约2cm处做记号。

16 将做记号处的拉链齿拔除。

21 上片粘贴好拉链可翻回正面检查确认。

22 确认上下片位置正确后，直接将拉链和上片车缝接合。

23 将拉链拆开，未固定的下方拉链倒过来对齐另一组上片。

24 注意对齐的位置，上片要颠倒过来。

29 将制作好的内袋和表布正面相对套入，并翻回正面，在开口和提手连接处，车缝装饰线。

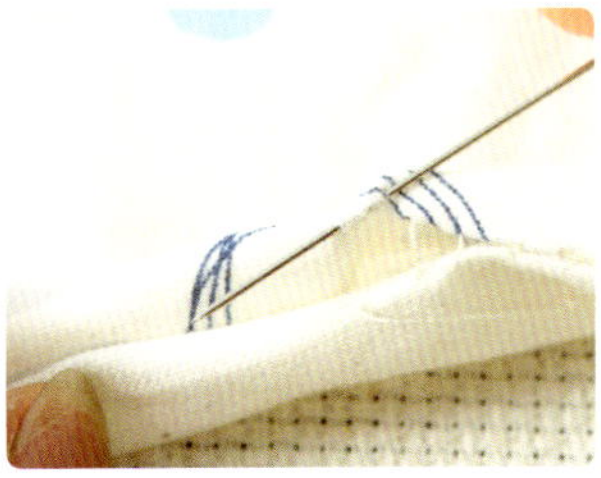

30 最后将返口以藏针缝缝合即可。

finish!
完成

策划 3

纽扣&线材百搭超活用

各式线材大集合

甜美风格饰品组

芭蕾女孩・彩线零钱包

法式午茶小刺绣壁饰

四款技法！素布变成图案布

缝纫讲堂3

各式线材大集合

所有线材一字排开，颜色多到数不清，还有段染、金葱、金属光泽等变化，呈现出不同的视觉效果。其实每种线材都各有其用，适合搭配的针类工具也各有不同，这回一次告诉你。

文字整理／王韵铃　摄影／陈家伟　资料／台湾喜佳

1. 透明线100号 500m

搭配 7～9 号车针

>>>一般缝纫、拼布及装饰用

像玻璃一样透明的线，可省去与布料配色的麻烦，在缝制多色布料时更方便，适用于家饰用品及手工艺品等，需要有透明感及硬度时使用。

2. 乡村绣线

搭配刺绣专用针或 11～14 号车针

>>>刺绣、压线、装饰缝用

柔和的乡村风味色系，不论是用于刺绣还是贴布绣，皆可呈现另一种优雅的风格。

3. 手缝线 150m

搭配手缝针 9～11 号

>>>拼布压线用

拼接专用的手缝线，采用适合手缝的捻线方式，不易缠绕，柔滑好缝。

4. 机缝皮革专用线

搭配 14 号车针

>>>车缝人造皮、皮革专用

具有简便、易缝且缝制效果良好的特性，适合用于人造皮、真皮的缝制，用在皮革提手的缝纫上也相当顺手。

5. 刺绣专用底线

搭配刺绣专用针或 11～14 号车针

>>>刺绣、压线或装饰缝底线用

经特殊处理的高强度、低收缩度多股聚酯纤维，让刺绣图案更平整，且不易浮线。

6. 金属光泽线40号 150m

搭配 14 号车针、手缝刺绣针 7～8 号

>>>装饰及一般缝纫用

涵盖了柔和色调至深色色调，高雅且亮眼的金银丝线，可车缝用亦可手缝用。

7. 金、银葱线

搭配 11～14 号车针

>>>缝纫、拼布及装饰用

无论直线或花样皆可随意车缝，专为缝纫机设计的金、银葱线，使用特制线芯可预防断线，金、银包膜稳定不易剥落。

8. 段染光泽线40号

搭配 11～14 号车针

>>>刺绣、压线或装饰缝用

有光泽且渐变的色系，每 2cm 即可改变颜色，让车缝效果更丰富且充满变化。

9. 车缝专用线60号 200m

搭配 11～14 号车针

>>>车缝专用

车缝专用线经特殊处理，车缝时不易起毛，丰富的色系让缝纫更多样化。

10. 羊毛化纤柔软线

搭配拷克机专用针

>>>拷克或用于底线

柔软有弹性的仿羊毛加工线，适用于拷克机卷边密拷，特别针对针织品或有伸缩性的布料；用于底线时，车缝装饰性花样，则可增加立体效果。

People Data

台湾喜佳　古依立

综合商科毕业，曾从事拼布包包定做的工作，因为喜爱缝纫而进入喜佳，已有六年资历，目前担任桃园生活馆才艺专任老师。

good idea

包扣改造自己做
甜美风格饰品组

剪一片圆圆的布，加点蕾丝，加点缎带，组合一下就成了实用的包扣饰品，各种延伸的设计，让包扣不再只是布作的配角。

文字整理／王韵铃　摄影／陈家伟　示范／台湾喜佳　古依立

1 双扣绑发带 Step by step

1 直径3.6cm的圆形布2片（成品为直径1.8cm的包扣）。

2 依顺序压入布片、包扣。

3 将布边收整好后，放上背扣。

4 用力压下，包扣即完成。

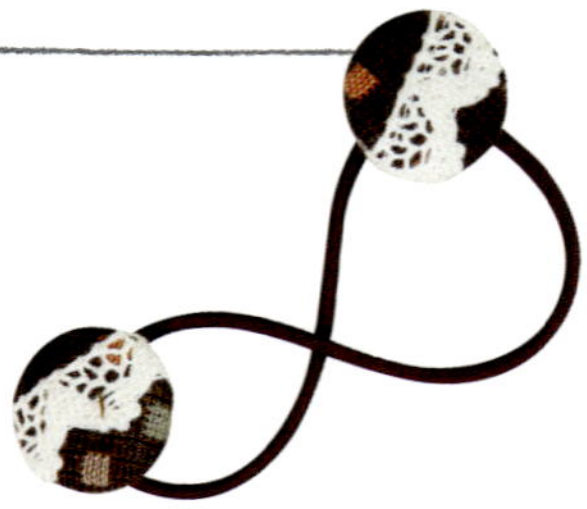

5 两颗包扣间穿入一条有弹性的发带，完成。

2 素雅蕾丝发夹 Step by step

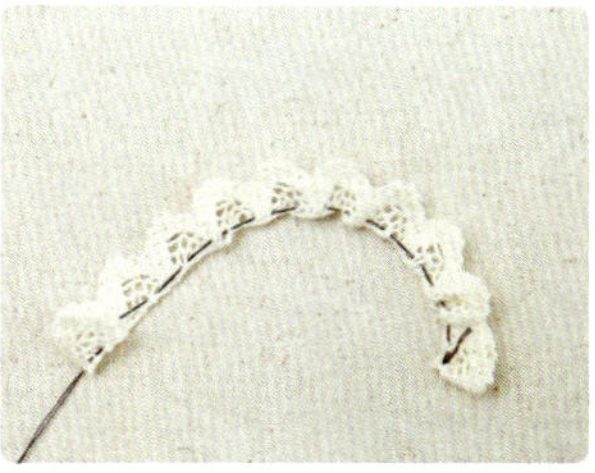

1 将15cm长的蕾丝疏缝一圈。

2 手缝完成直径2cm的包扣。

3 蕾丝置于包扣及挡片中扣紧。

4 将做好的蕾丝包扣固定于发夹上，即完成。

3 乡村风蝴蝶结发夹 Step by step

1 取12cm长的蕾丝及缎带，先将两侧车缝固定。

2 将中心点缝份重叠，以手缝固定完成蝴蝶结。

3 将完成的蕾丝蝴蝶结置于包扣中间，固定于发夹上。

4 缎带包扣颈饰 Step by step

1 制作边长为5cm的正方形6个，分别折成小尖角，依图示顺序折叠串缝。

2 取一底台以表布缩缝，并准备数条长约15cm的装饰蕾丝、缎带及包扣一枚。

3 将配件依序固定。

4 包扣小花固定在底台上时，只需缝合上下两端。最后穿入适合颈围长度的绒布缎带，即完成。

5 拉链头尾装饰 Step by step

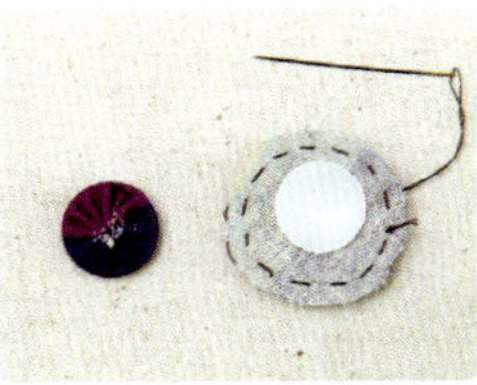

1 取手缝线将布料外围疏缝一圈，将包扣放在中间后将手缝线缩紧。

2 将拉链尾部对折置于两颗包扣中间，并以藏针缝固定，即完成。

3 **加上结粒绣装饰**
包扣周围加上法国结粒绣，别有一番风味。

4 **改造拉链头**
同样方法将包扣固定在拉链头，也相当可爱！

用缝纫机玩压线图案

芭蕾女孩·彩线零钱包

平时很少用到的缝纫机花样，在此时派上用场。首先，把花样都列出来，再思考想要的图案用现有的花样如何表达呈现，大胆实验就能玩出很多好作品。

设计示范／台湾喜佳 古依立　文字整理／王韵铃　摄影／陈家伟

老师示范用这台

每台缝纫机上的花样不尽相同，试着把自己现有的花样列出来看看吧！

brother QC-100
拼布俱乐部

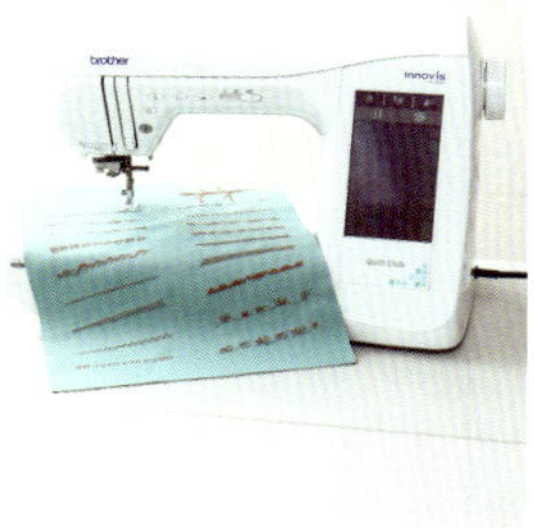

列出自己现有的花样

从A到T共有20种不一样的压线花样，一次列出后，再来玩花样组合的游戏。有的机器甚至还能通过改变幅宽和针脚，让花样随意地放大缩小。

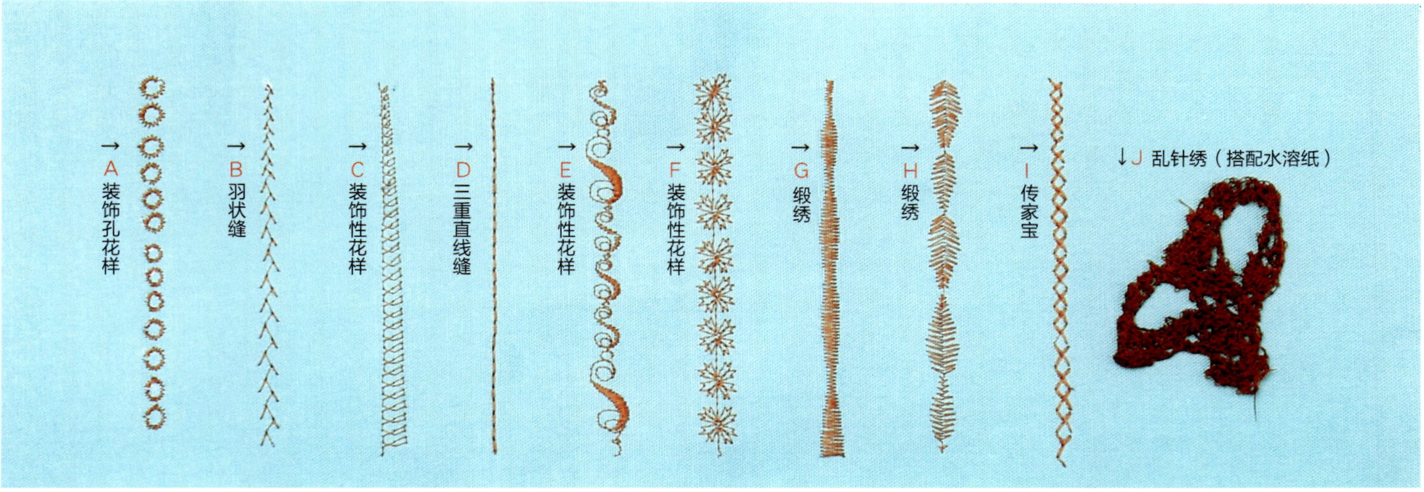

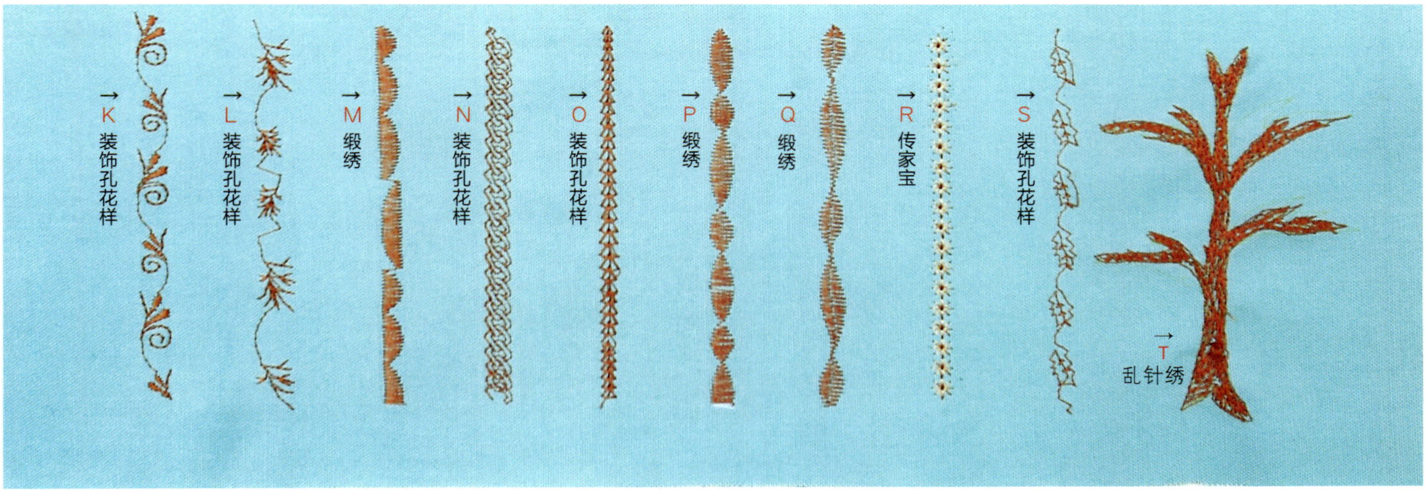

用现有的花样，就能变出这么多图案！

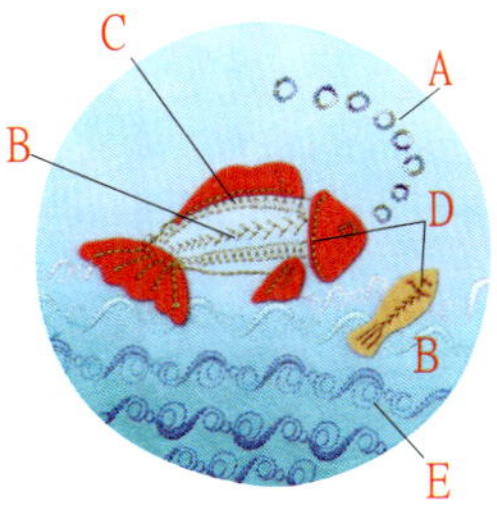

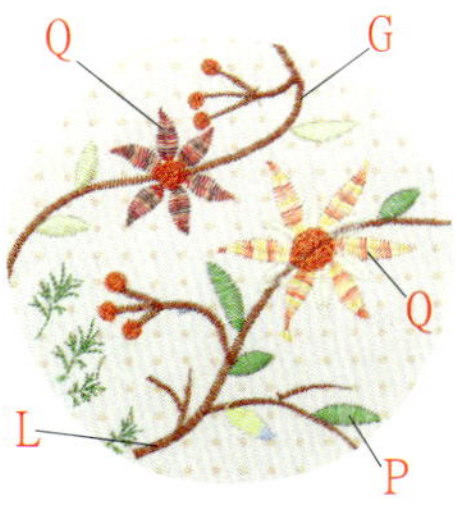

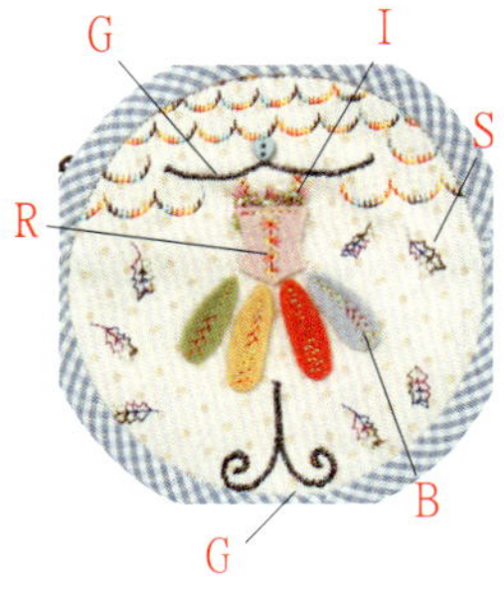

材料

点点麻布		滚边条		蕾丝	少许
直径13cm的圆形布	2片（烫厚布衬）	4cm×20cm	2条	造型扣	1颗
里布		4cm×28cm	1条	羊毛布料	5色
直径13cm的圆形布	2片（烫厚布衬）	16cm长拉链	1条		

Step by step

包身表面图案

1 将想要的图案描绘在表布上。

2 选取装饰性花样扇形缝，幅宽7.0／针凿1.6，依第1、2排记号线车缝，第3排调整为幅宽6.0／针凿1.4，第4排为调整幅宽5.0／针凿1.2，营造成舞台背景的布幕。

扇形缝用途：装饰衣领或手帕边缘等。

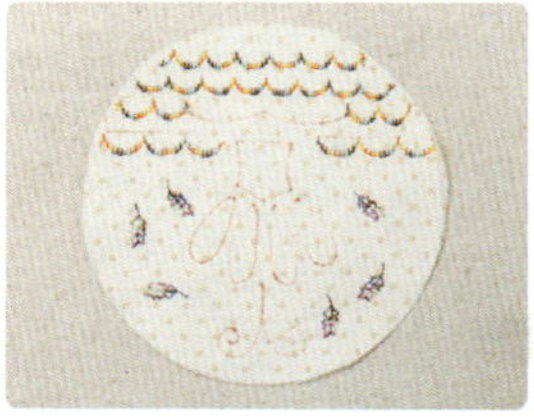

3 选取“S装饰孔花样”选取单个花样，依个人喜好位置车缝。

4 选取“G缎绣”（贴布绣锯齿缝花样），幅宽2.0／针凿0.4，车缝衣架线条，另选取“I传家宝”（装饰缝针凿花样），幅宽3.0／针凿2.0，车缝肩带线条。

5 车缝蕾丝，再将衣身及裙片使用口红胶固定。

6 选取“R传家宝”（装饰缝针凿花样），幅宽6.5／针凿3.0，车缝衣身中心共4个花样，并逐一缩减幅宽及针凿，另选取“B羽状缝”，幅宽2.0／针凿1.5，车缝裙片且可逐一增加幅宽及针凿，缝上造型扣即完成表布。

表布包身制作

7 表布2片于袋口处车缝滚边条。

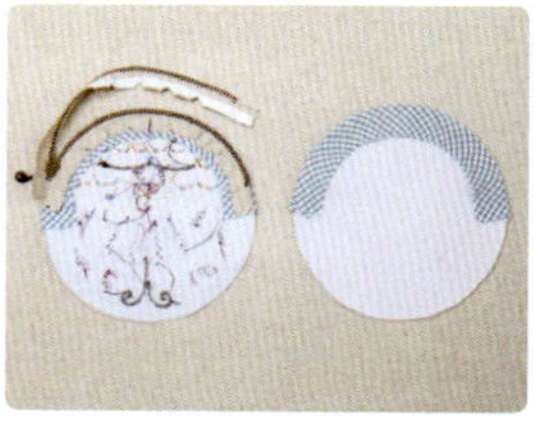

8 背面使用口红胶固定，拉链于正面两侧粘上水溶性胶带并剪牙口，沿着袋口弧度粘贴固定。

9 换上可调式拉链压布脚，于正面滚边条边缘处以直线落针缝固定拉链。

10 完成前后袋身表布拉链。

里布包身制作

11 将里布袋口缝份往厚布衬上折烫，并以口红胶固定。

包身组合

12 将里布放置于袋身背面，以藏针缝固定。

13 将表布背面对背面于正面车缝下袋身滚边条，两端缝份需反折。

14 反面以藏针缝手缝固定即完成。

简易手绣针法

法式午茶小刺绣壁饰

学会了五种基础针法就能完成大部分的图形变化，不论是线框、字体，还是填得饱满的小图案刺绣，拿起彩色的绣线，为布料点缀缤纷表情吧。

设计示范 / mimi　文 / 王韵铃　摄影 / 陈家伟

People Data

mimi

热爱杂货，喜欢动手玩布和居家布置，接触各种素材，将创意在生活中发挥得淋漓尽致。

笑咪咪的杂货部屋

http://mimiwill.pixnet.net/blog

材料（刺绣图案请参照附录纸型）

手绣线、手绣针、绷布框、布用复写纸

五种基础针法马上学

1 回针绣

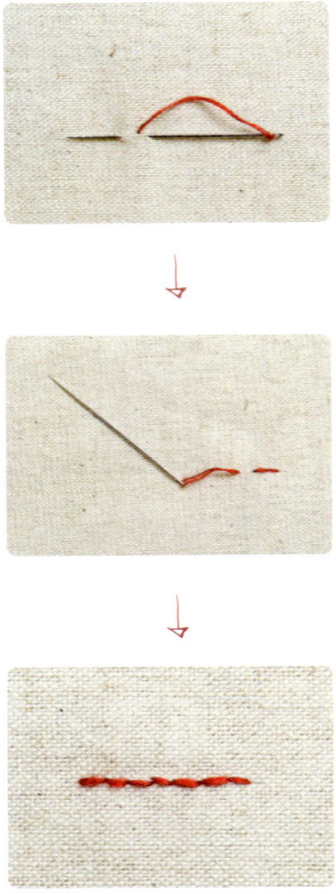

2 轮廓绣

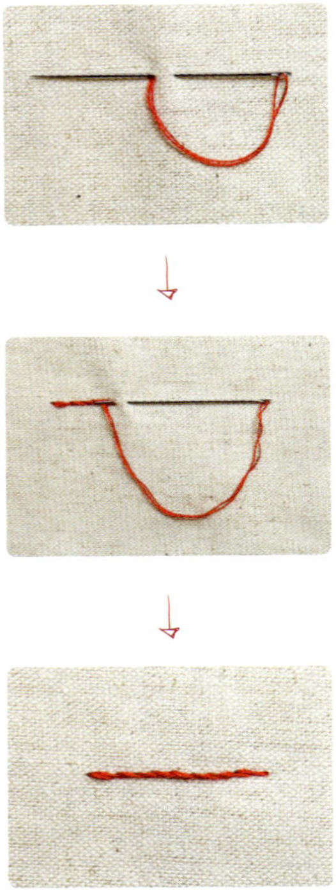

3 法国结粒绣

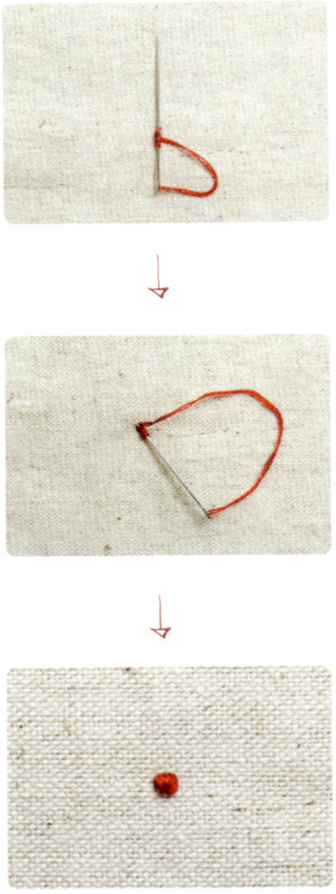

4 十字绣

5 缎面绣

香榭巴黎 Love in Paris

用回针绣一点一点地延伸，终于完成巴黎铁塔的线条，把旅游的心情也一道框进相框，永久收藏。

Step by step

1 开始刺绣前，先将图形画在布上，或用布用复写纸将纸上的草稿印到布上。

2 铁塔的尖端处采用回针绣，尖端下方采用缎面绣，将其填满即可。

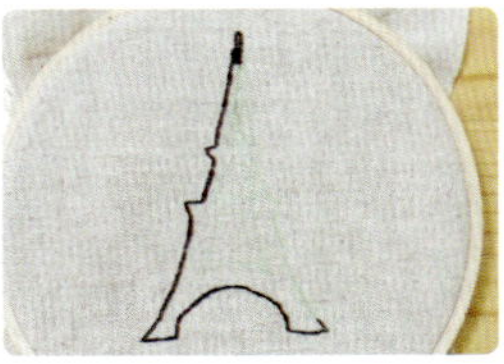

3 铁塔轮廓以回针绣框出。

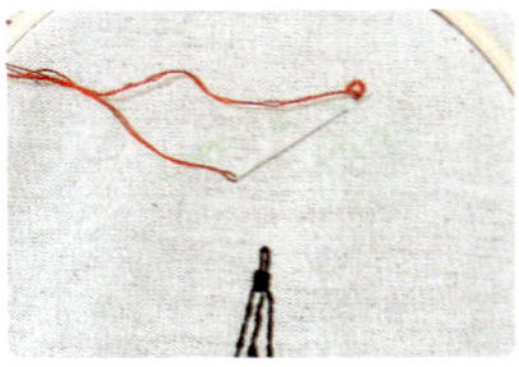

4 爱心图案以轮廓绣完成线条。

5 英文字母以回针绣勾勒，“i”上方的一点，以法国结粒绣完成。

幸福愉悦的午茶时光

在餐桌旁的墙壁上，挂上一幅午茶时光的壁饰，
连用餐气氛都跟着甜美起来。

缤纷手感

摆进木框之前，也可当成餐桌上的餐巾布。

Step by step

1 将格子布和素布车缝在一起，格子布即成为“午茶餐桌”。接着画上图案，就可开始刺绣。

2 小女孩的头发从最右边以缎面绣开始。

3 头发用缎面绣填满。

4 眼睛也用缎面绣填满。

5 脸部轮廓及嘴巴皆用回针绣完成线条。

6 衣服的轮廓采用回针绣，扣子则以十字绣完成。

7 脸颊腮红采用缎面绣填满。

8 换成绿色的线，以回针绣完成手上的杯子。

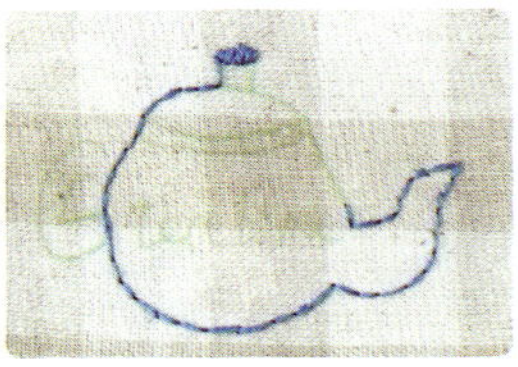

9 茶壶轮廓采用回针绣，盖子上端把手采用缎面绣。

10 “tea time”以回针绣完成，字母i上的一点，用法国结粒绣。

11 杯子轮廓采用回针绣，中间线条及汤匙则以缎面绣填满。

12 杯子的轮廓采用回针绣，中间水玉点点图案及汤匙采用缎面绣完成。

13 牛奶壶与糖罐采用回针绣，字母i上的点以法国结粒绣完成。

People Data

Emma

手作包设计人，作品清新颇具现代感，擅长利落的剪裁风格，并以简单的手法表现设计张力。

Poète i

http://www.wretch.cc/blog/poetei

纽扣＋线材＋拓印＋刺绣

四款技法！素布变成图案布

利用刺绣、拓印、贴布等技法，搭配纽扣、线材等配件，原本空白朴素的包包，变出了拉着七彩气球的少女，还变出了随风摇曳的纽扣小花、小房子、大树，这么厉害的魔法到底是怎么变出来的，快跟着包包设计师Emma的教学，一起往下探索吧！

设计示范／Emma　文／王盈力　摄影／王正毅

说在动手做之前……

在动手做之前，Emma要先教导大家最基本的构图，即便是同样的图形，不同的排列组合产生的画面效果也会不同。下面就要介绍设计师在构思画面时最常使用的五种排列技巧。

A 基本构图 将树木、小鸟分别放在画面正中央，清楚地表现主体的轮廓，是最中规中矩也最简单的构图方式。

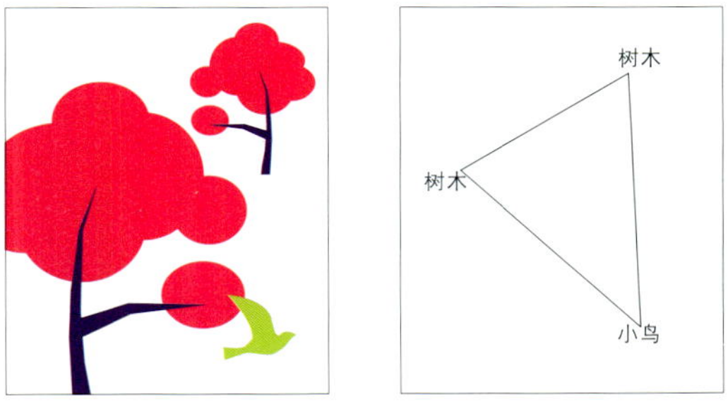

B 三角形构图 做两个大小不同的树木，加上小鸟，以三角形的排列方式构图，这是另一种有满版效果的构图方式。构图时可利用相同的图案元素做不同的大小变化。

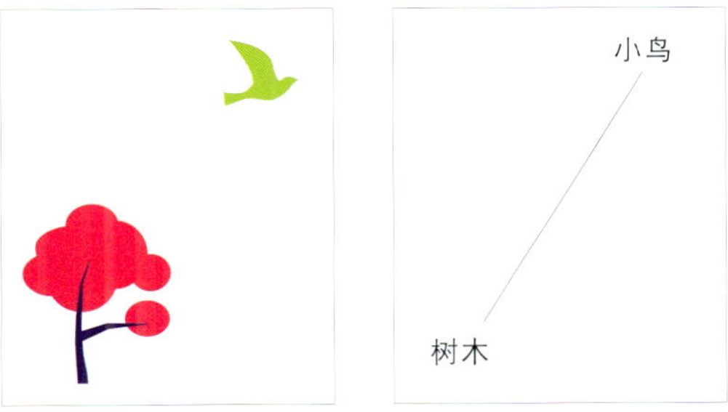

C 对角线构图 将画面以对角线分割，在两个角放上树木、小鸟两元素，对角线构图法会让画面产生平衡的牵制作用，整体视觉看起来有稳定之感。

D 留白技巧 将树木放大，只采用局部的花样，搭配小鸟，以大片留白的方式来表现画面上的意境，营造延伸想象的感觉。

E 重复排列 同一个元素也可以用大小一样的组合，拼成一整片的花样，例如将小鸟重复排列，做出鸟群在空中飞翔之感，或将树木重复排列，做出整片森林的感觉。

图案 1

拼贴风　女孩拉气球

女孩的头像以拓印方式处理成剪影的轮廓，搭配五彩缤纷的拼贴气球，制造出画面的色彩反差。珍珠项链和粉红色的绒布蝴蝶结，虽是小小点缀，却为黑色剪影拉出更立体的视觉层次。

Step by step

1 按纸型裁剪出女孩头像，用水消笔在包包上描绘轮廓。

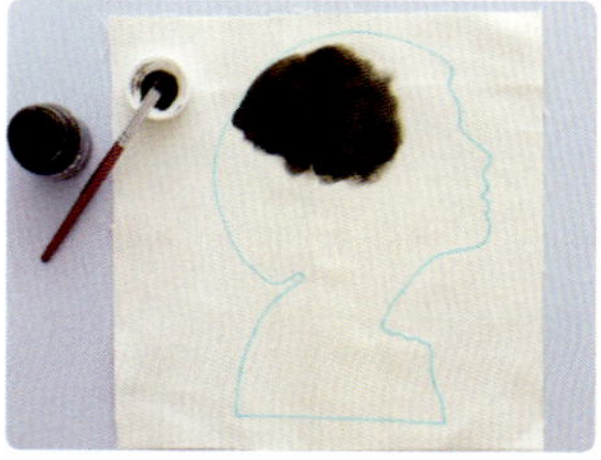

2 取平笔和黑色颜料，在轮廓线内将颜色涂满，放干备用。干后可在图案上垫一块薄布，用熨斗低温熨烫加强固色。

3 量一下女孩颈围，取适量珍珠用针线穿串。

4 缝在脖子处固定。

9 红白格气球做法：按纸型用水消笔在红格子布背面描绘轮廓，预留0.5cm的缝份剪下。

10 将缝份往内折烫好，遇到弧度较大或线条转角的地方，可先剪牙口后再烫，会比较漂亮。

11 以回针缝将红格子气球缝在包包上。

12 也可用缝纫机直接车缝0.2cm的边，完成红格子气球。

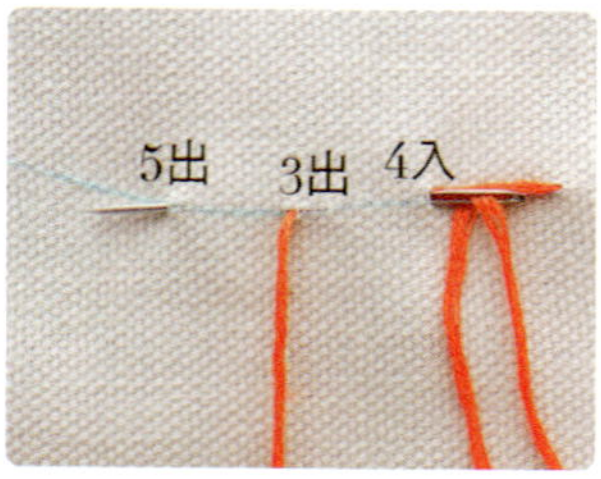

17 由3出针后，按照1出和2入之间的距离，由4入针，再从5出针。

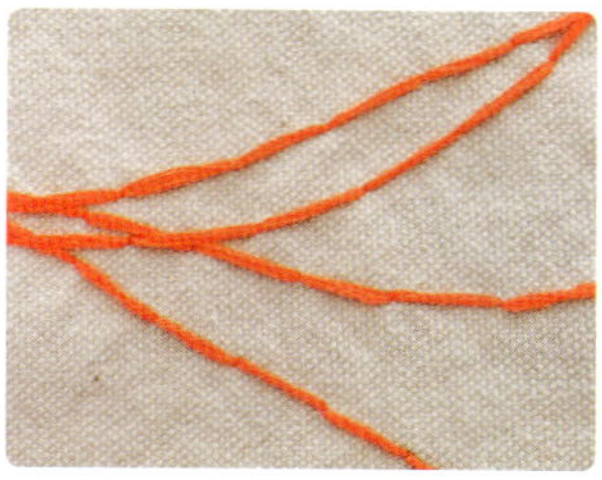

18 重复以上两个步骤，完成数条气球绳子图案。

注意到了吗？四款气球分别是不同的材质，碎花图案的皮革、红格子的贴布、尺寸刚好的毛线材质的杯垫，加上拓印的气球，画面上有平面的，有立体的，整体视觉也更丰富了呢！

材料（图案请参照附录纸型）
拓印颜料、绣线、珍珠数颗、绒布缎带、皮革、布料、小珠珠数颗、毛线杯垫（会钩毛线的也可以自己做）

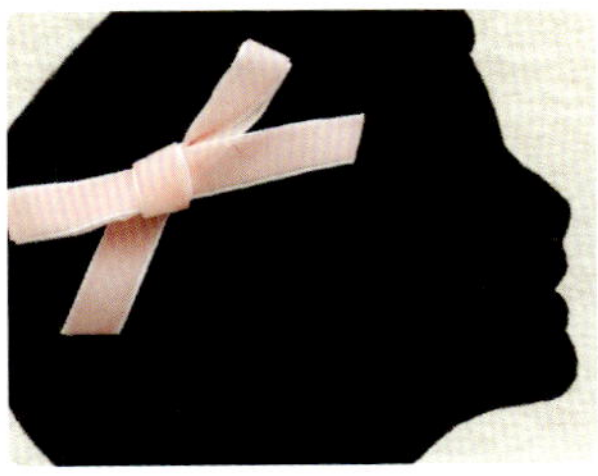

5 剪一段绒布缎带，绑成蝴蝶结缝在头发处固定。

6 蓝色气球同步骤1、步骤2的方式涂满，并取绣线绣上如图所示的图案。

7 利用4针直线绣组合成小十字图样，最后一针落在中间并穿进珠子。

8 完成一朵十字形小花，可随意在蓝色气球上缝上数朵小花。

13 利用水蓝碎花的皮革，裁剪成气球图案后，同样回针缝或车缝0.2cm边，将皮革气球固定在包包上。

14 取一片毛线钩成的圆形杯垫。

15 回针缝或车缝0.2cm的边，将毛线杯垫固定在包包上。

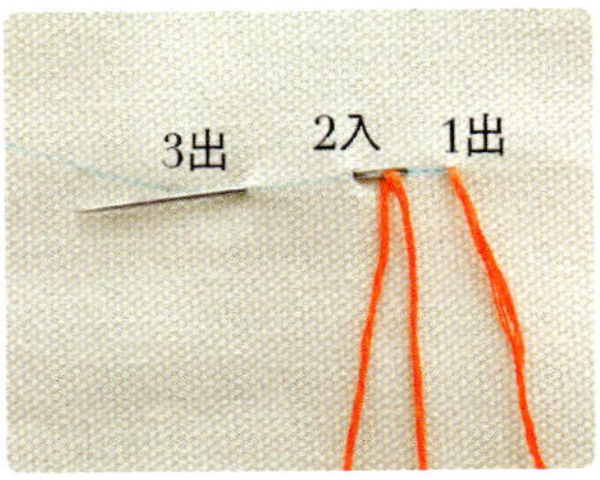

16 以回针绣法绣出绑气球的绳子图案。绣法如图示由1出针，2入针，再从3出针。

Step by step

1 取平笔和颜料，按照版型在布面上描绘小房子轮廓，并将颜色涂满，放干备用。

3 按纸型将云朵轮廓描绘在布上，取白色绣线以回针绣绣出云朵线条。

4 按纸型将雨滴轮廓描绘在布上，取宝蓝色绣线以连续绵密的直针绣填满雨滴图案。

5 完成雨滴。

6 搭配云朵，可绣上数个小雨滴，做出下雨时的天空。

8 道路的部分，按纸型将道路轮廓描绘在黄色布上，预留0.5cm的缝份剪下；烫好缝份后用珠针暂时固定位置，回针缝或车缝0.2cm边，将黄色道路固定在包包上。

9 取小汽车模型，以缝线固定在黄色布面上。

10 先取咖啡色绣线，用直针绣做出纽扣小花的枝干。再取浅绿色绣线，以锁链绣法做出叶子。从1出针，再回到1的地方插入，从2出针，线放在针下后，针往前抽出。

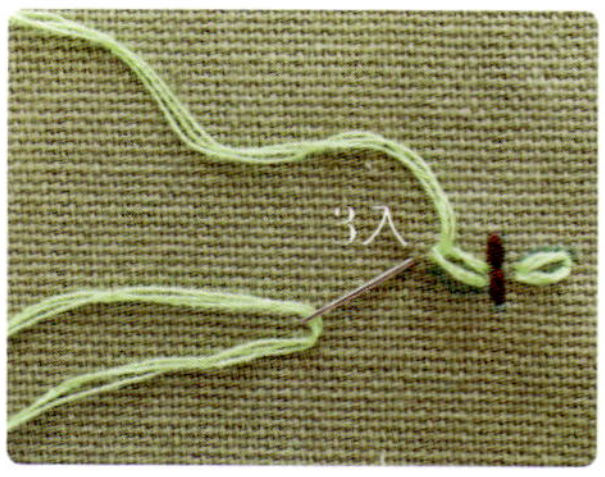

11 由3入针后，在背面打结，完成叶子部分。左右两边的小叶子做法一样。

13 重复上述步骤，可用不同颜色纽扣随意排列，做出“花园”的茂盛感。

14 再取小树模型，缝在房子旁边。搭配橘色小动物别针。

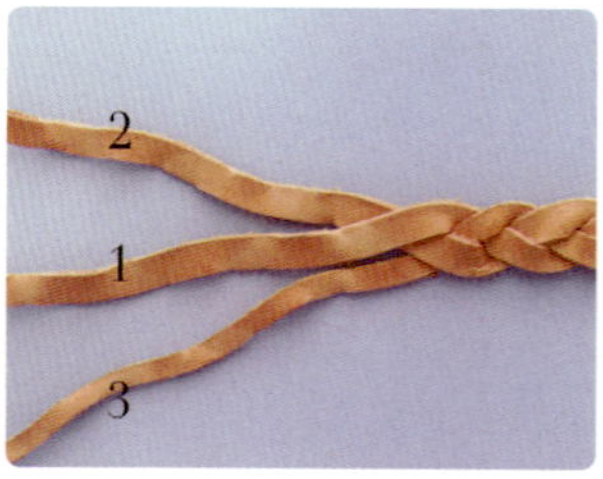

15 用3条皮绳编织成麻花辫状的包包背带。先将1交叉叠在2上。

2 取黑色绣线在小房子上绣出窗户形状。

7 取咖啡色绣线在房子旁绣出咖啡色栅栏。

12 加上纽扣固定，便成一朵小花。

图案 2

平面→立体　房子小风景

没想到立体的小模型也可以运用在布料上呢，比起布料拼贴或画上去的平面图，立于布料上的小树和小车子，让画面更有趣味感了。

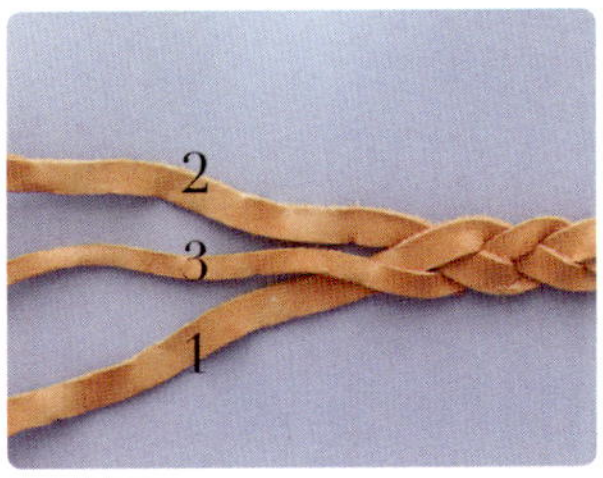

16 再将3交叠在1上。

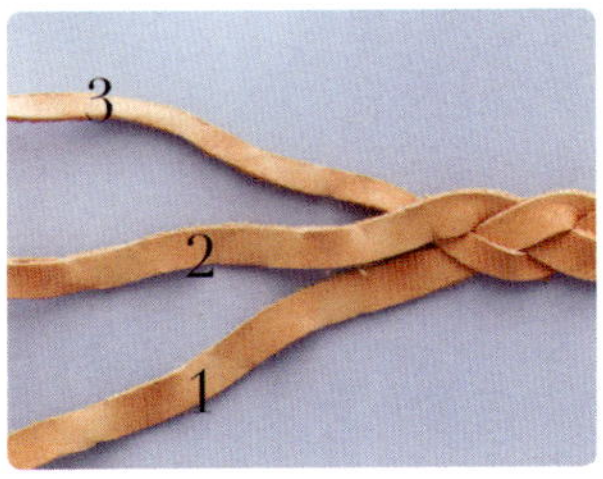

17 将2交叠在3上，以此类推继续往下编织到底。

18 尾端打个结即可。

策划 4

皮革百搭超活用

皮革点缀时髦个性包

碎皮革拼接布杂货

手作质感　彩虹缤纷

皮革点缀时髦个性包

皮革给人的感觉历久不衰，越陈旧越有味道。简单耐看的款式，搭配上皮革素材，一个包包就可以用好久好久。不论是素帆布的质朴风格，还是彩虹配布的俏丽缤纷，加上皮革元素都能让包包的质感大大加分。

手作质感数字包

切边留下的皮革条，用简单的方法就能拼出数字；号码代表了值得纪念的日子，加上皮革耐用的特点，让这个提包别具意义。

设计示范 / 李惠菁　文 / 王韵铃　摄影 / 王正毅

Bag 1

People Data

李惠菁

任教 26 年，目前于实践大学推广教育中心教授女装服装画、男装服装画、发型画、手工缝制皮件与玩刺绣等课程。

http://tw.myblog.yahoo.com/jing.1984/

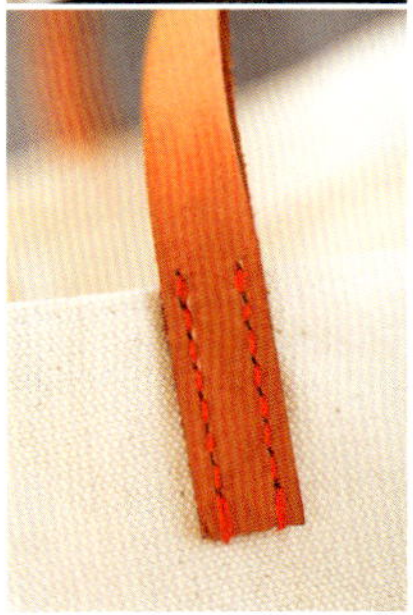

材料

2.5cm宽织带、红色蜡线

棉麻色厚帆布

袋身	70cm×50cm	1片
内侧口袋	30cm×22cm	2片

原色皮革

提手	2cm×35cm	2片
碎皮革	宽1cm	数片

Step by step

内侧口袋

1 取织带的一边对折，车缝直线固定。

2 将织带翻面，准备为口袋布包边。

3 将口袋布的一短边内折1cm，车上织带，避免毛边。

4 将收边完成的短边向上折，距离上方4cm，两长边以织带包边，各车缝一道直线。

袋身数字

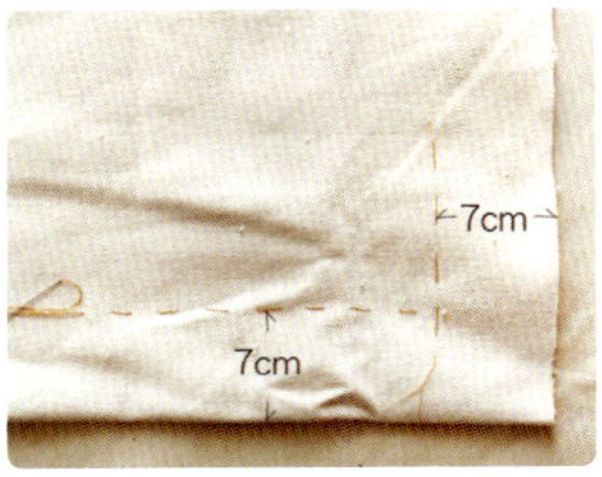

5 袋身先以疏缝方式，做出两道记号线，距离底部和右侧各7cm。

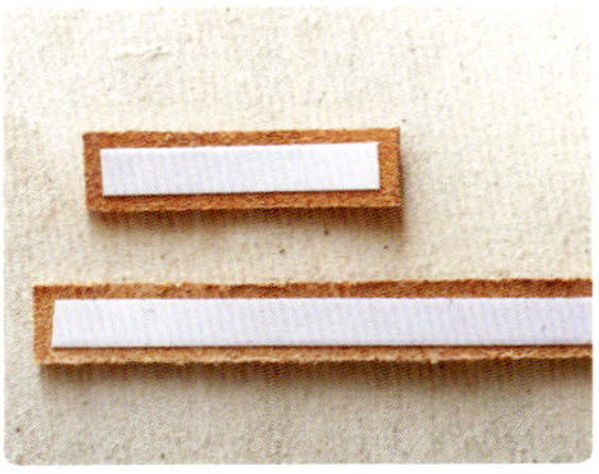

6 将碎皮革片背面粘上双面胶。

7 排列出想要的号码，最后一个数字越过记号线，落在线的另一侧。

8 用菱斩和木槌在皮片上打洞。

Step by step

双针穿线

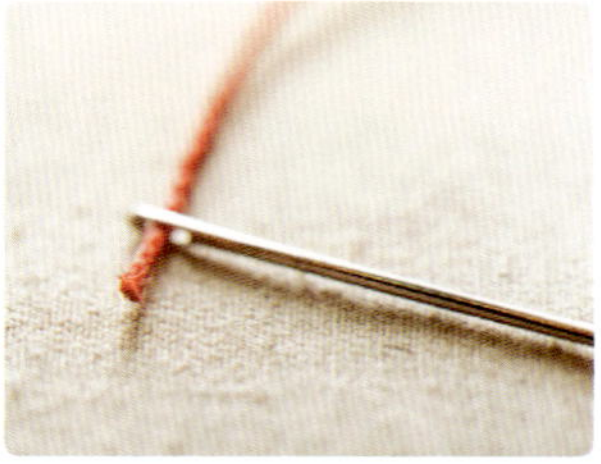

9 取欲缝长度4倍长的蜡线，将线头捏扁，穿入洞里。

手缝皮革

14 从正面穿入第一根针。

19 接着第二根针从正面往下一个洞穿过，第一根针则从背面在同一个洞穿回（每个洞都会有两根针分别从正面和背面穿过）。

20 以此类推，每做一小段，可从前头用针调整线的松紧度至一致。

21 缝到最后一个洞时，在背面打个平结固定，剪掉多余线头即可。

袋身制作

22 将包包侧边以平摊的方式，用织带车缝固定。

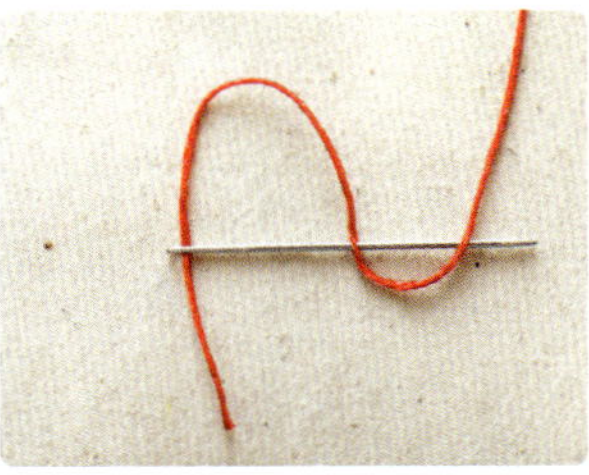

10 将针从线的中间穿过两次。

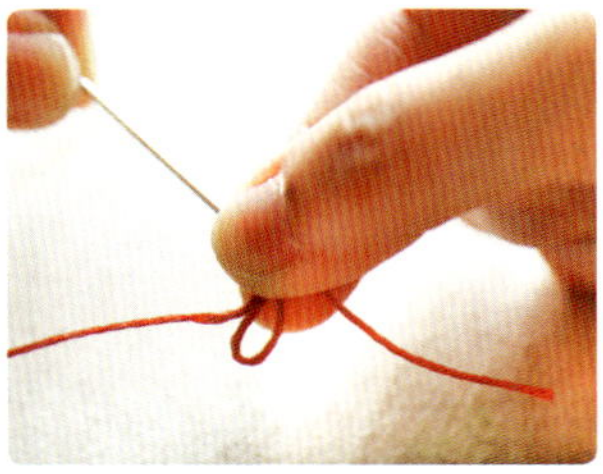

11 往下拉。

12 固定。

13 两侧线头皆以此方式完成。

15 注意两根针对齐，两边线要等长。

16 第二根针往回从正面下针。

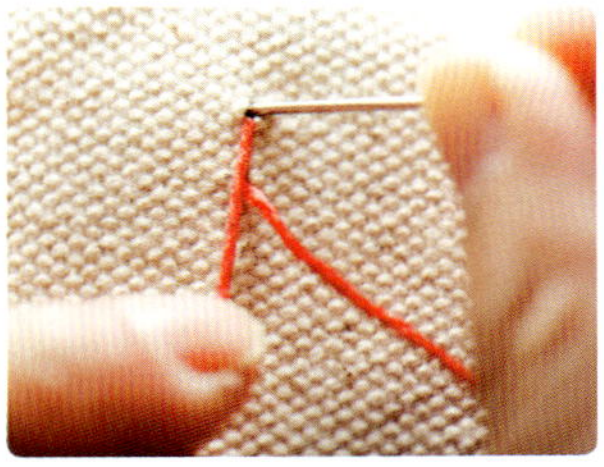

17 接着第二根针穿过第一根针下针的洞，从背面穿回正面。

18 将线拉紧。

Point 接近袋底处不好车缝，但因为要打底角的缘故，不必车缝到底。

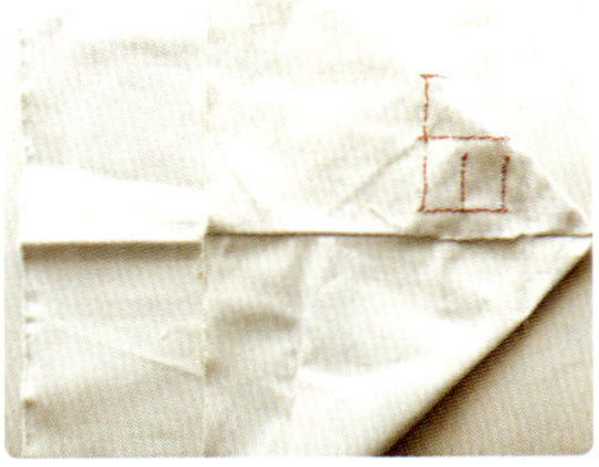

23 将包包翻到背面，车缝底角线14cm。

Step by step

口袋+袋身缝合

24 找出袋身和口袋的中心点对齐，口袋布在袋口往下1cm处。

25 袋口往下折1cm，将织带叠上，车缝两道线固定。

26 袋身内的前后都车缝上口袋。

固定提手

27 用划边器在皮革提手的两侧划上5cm的记号。（若没有划边器，直接打洞也可以。）

28 在记号线上打洞。

加强提手耐重

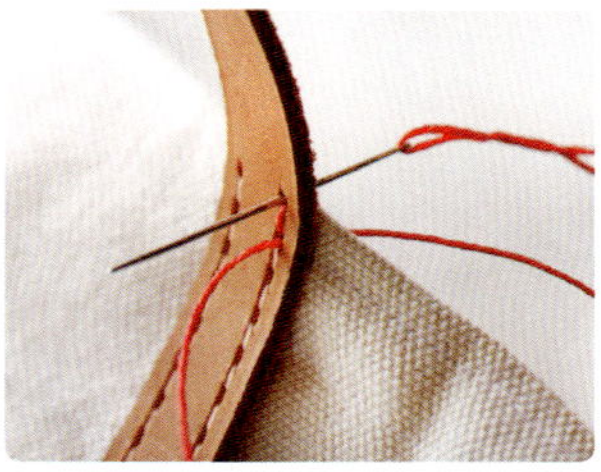

29 以手缝方式缝上提手，并在提手固定的四点，各重复两针加强。

30 角落的四个点缝线，加强耐重。

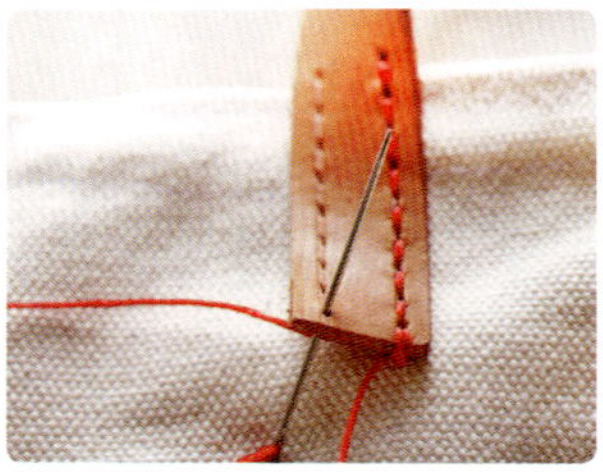

31 当右侧缝完后，可将线直接从左侧的皮片下穿出，就不需要打结后再重新开始。

隐藏线头

32 缝至最后一针，打结。

33 将两根针从袋身和皮片的中间穿出。

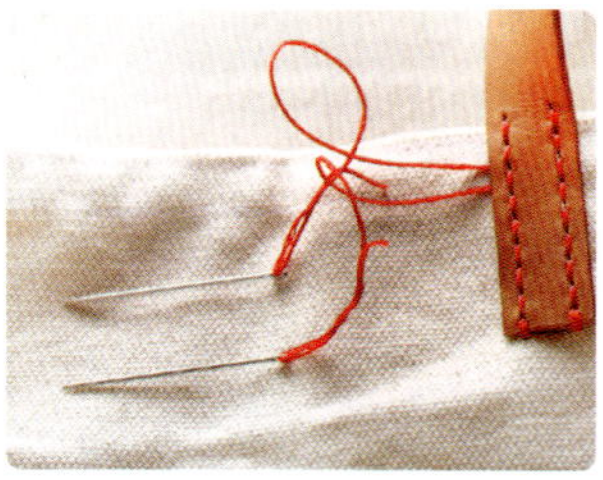

34 接着将多余的线头剪掉。

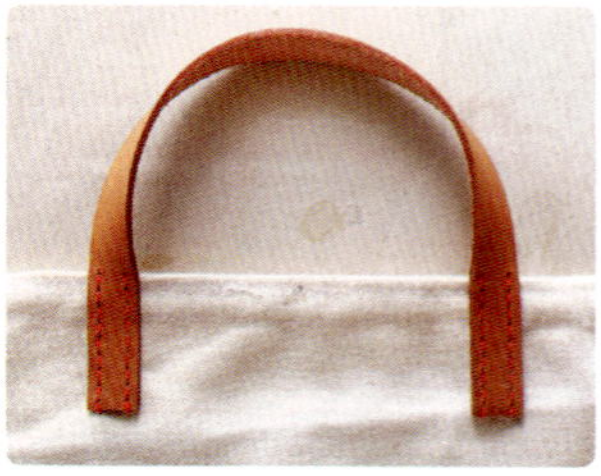

35 线头隐藏，完成。

People Data

叶慈慧

在拼布世界中自在玩耍，叶老师纯熟的手艺下，其实藏着更多细腻的玩心；正因拥有扎实的功夫与不受限的想法，才能不断创造出高人气的布作设计。

http://blog.xuite.net/cottonhouse

Bag 2

彩虹风情个性大包

“雨后，总会出现彩虹的。”抱着这种期待，选择以布条色块+皮革拼接的方式，着手制作这款色彩缤纷的彩虹包，色调柔和的帆布搭配随性剪裁的皮革口盖和背带，有点甜美，有点顽皮，却又兼具沉稳优雅的成熟感。帆布的布条色块可随自己的喜好搭配，当包包逐渐成形时，彩虹已悄悄高挂心中。

设计示范、步骤文／叶慈慧　文字整理／王盈力　摄影／王正毅

材料（车缝完成后包包尺寸约为47cm×50cm）

正面帆布条尺寸

由右至左→

1. 47cm×8cm
2. 47cm×5.5cm
3. 47cm×6cm
4. 47cm×5cm
5. 47cm×6cm
6. 47cm×7cm

（以下为有袋盖）

7. 47cm×5cm
8. 47cm×8cm
9. 47cm×8cm
10. 47cm×6cm

反面帆布条尺寸

由右至左→

1. 47cm×14cm
2. 47cm×10cm
3. 47cm×14cm
4. 47cm×17cm

里布拉链长20cm

内口袋布（橘色）

32cm×17cm

背带用直径2.8cm

鸡眼扣 2颗（固定于袋身侧边）

Step by step

制作表袋

1 裁剪长度相等、宽度随意的布条约10片。

2 将布条依序车缝起来。

3 将缝份张开向两侧倒。

4 利用倒向骨笔，将缝份刮开。

5 将型板描绘在布块的背面。

6 利用1cm的缝份圈，沿型板外围画一圈。

7 裁剪袋子的形状，前后共两片。

8 依纸型上的记号，车缝固定折角。

制作暗袋

11 拉链暗袋的制作，里布和暗袋布正面相对。

12 画出20cm×0.8cm的长方形，两块布以珠针固定，一起车缝长方形框线。

13 框线内剪成Y字形。

小细节好设计

皮革背带不用铆钉等金属零件固定，随意打结体现出灵活多变又好玩的设计。

皮革＋铆钉＋甜美配色

看似冲突的三个元素，在这个包包身上经过高明的混搭，却成为一种完美结合。

图案别致的布标

除了现成的市售布标外，还可以选一块图案别致的布料，剪下图案，用布用双面胶粘贴，即成了独一无二的布标！

9 前后片正面相对，车缝U字形。

10 车缝完成的样子。

14 剪开的样子。

15 将暗袋布往剪开的洞口内塞，并熨烫成漂亮完整的长方形暗袋开口。

Tips

制作这款袋子，要用到两种不同的奇异衬

美国奇异衬：又称布用的双面胶，低温贴烫在布料背面，再将布料图案剪下，撕下奇异衬背面的纸张，转烫在作品的表布上。

美国厚质双面纸衬：高温贴烫在作品的里层，让布品有支撑力。

制作拉链口布

16 拉链两侧粘上布用双面胶带。

17 拉链粘贴在暗袋开口后面。

18 沿暗袋开口边缘车缝一圈。

布标制作＆皮革装饰

22 开始里袋开放口袋的制作。

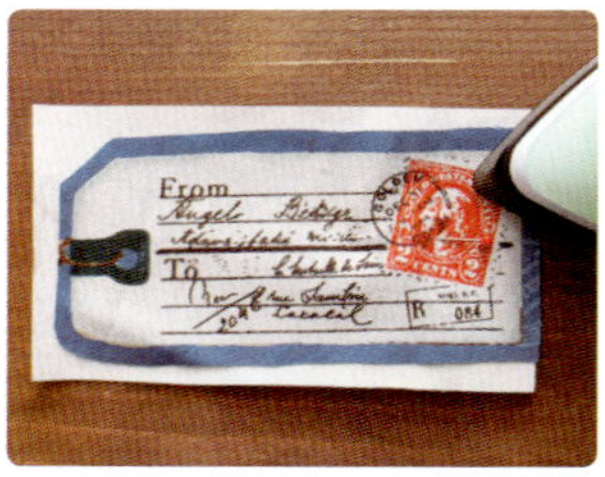

23 利用奇异衬制作布标。

24 将布标车缝在开放口袋上，并打上铆钉做装饰。

28 袋口用皮革滚边包边。

29 表面滚边完成的样子。

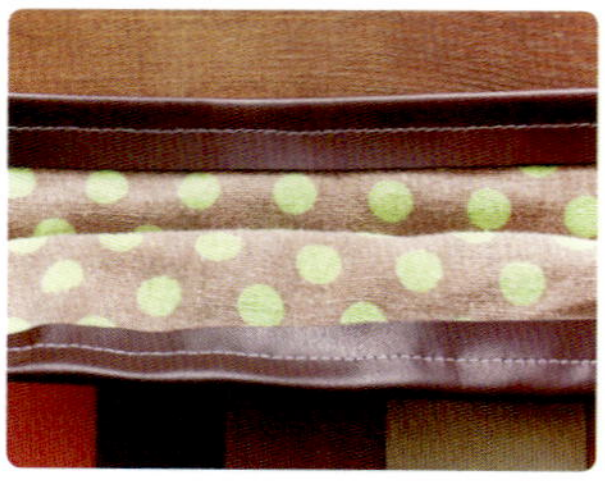

30 里面滚边完成的样子。

34 皮带一端以铆钉固定在表袋一侧。

35 皮带的另一端从中间剪开约30cm，在表袋另一侧钉两个鸡眼扣，让剪开的皮带分别穿入洞内。

36 两端打结固定。

19 返回背面，将暗袋里布对折车缝∩形。

20 拉链完成的样子。

21 将里袋袋角折缝固定。

25 开放口袋的袋口以皮革包边后，车缝固定于里袋。

26 两片里袋布车缝成袋形。

27 将里袋置入表袋内，袋口对齐疏缝一圈。

31 将多余的滚边皮革剪掉。

32 随意将喜欢的花样布车缝在皮革上，成为装饰皮片。

制作背带

33 两条皮带利用鸡眼扣接成需要的斜背带的长度。

制作袋盖

37 将皮革随性裁剪成喜欢的样子，作为袋盖。

38 袋盖用5颗1cm的铆钉固定，于袋身往下7cm处做记号，钉上固定。

39 装饰皮片也以铆钉固定就完成了。

黑白格纹　多彩拼布

碎皮革拼接布杂货

做东西剩余的零碎皮革，不要随意丢弃，发挥一点创意，用剪刀稍微修整成型，就能与布作结合，拼接成风格独特的布杂货。

设计示范 / Bella　文 / 张雅雯　摄影 / 王耀贤

People Data

Bella

一个热爱手作包的妈妈，在照顾孩子之余，利用细腻的配色风格、简单的创作概念，完成一个个充满丰富情感的手作包。

zakka・布知道

http://lisabella.pixnet.net/blog

idea 1

皮革+蕾丝 · 拼接手机套

零碎的皮革修剪成不规则的图形，再用蕾丝装饰绑上小珠珠搭配，就变身为温柔的手机保护袋。

材料

格子表布 15cm×20cm 1片
黑色内布 15cm×20cm 1片
铺棉 15cm×20cm 1片
四合扣 1组
蕾丝 少许

（手机盖皮革版型请参照附录纸型）

Step by step

1 先将铺棉有胶的一面与格子表布熨烫固定。

2 将装饰蕾丝折成数折，用夹子固定位置。

3 固定蕾丝后，皮革与表布正面相对车缝。

4 接着将里布与表布正面相对，车缝两侧固定。

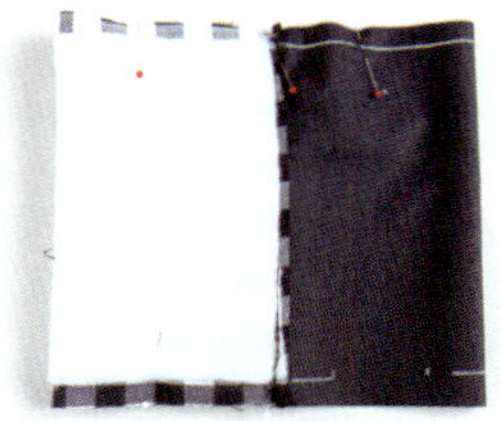

5 抓出袋形，接缝处仔细对齐，用珠针固定后，再车缝固定，在黑色里布上留约5cm的返口。

6 从返口将手机袋翻回正面，缝上装饰珠与蕾丝、皮革固定，装上四合扣即可。

idea 2

拼布+皮革·结合布杂货

红的、黄的、绿的、蓝的，鲜艳的拼布与皮革搭配，让作品质感再提升，成为外出时十分抢眼的亮丽托特包。

材料 （皮革版型请参照附录纸型）

麻布：
19cm × 6.5cm 1片
13cm × 12cm 1片

红色布：
11cm × 6.5cm 1片

绿色布：
12cm × 6cm 1片
6cm × 6cm 1片
30cm × 25cm 1片

蓝色布：
13cm × 12cm 1片

黄色布：
4cm × 12cm 1片
12cm × 6cm 1片
6cm × 9cm 1片

布衬：
30cm × 25cm 2片

里布：
30cm × 25cm 2片

皮革带：
2.5cm × 35cm 2片

子母扣 4个
四合扣 2组

Step by step

1 先将各种颜色的布排列好。

2 将拼布的部分先车缝固定。

3 缝份倒向两边烫平。

4 接着烫上厚布衬固定。

5 翻至正面，将皮革车缝固定，留上方做开口。

6 绿色表面的部分，先在背面烫布衬固定。

7 接着再翻至绿色表面，车缝做装饰的黄色圆点布。

8 将皮革车缝上，一样留上方做开口。

9 将两块皮革的开口部分，装上四合扣。

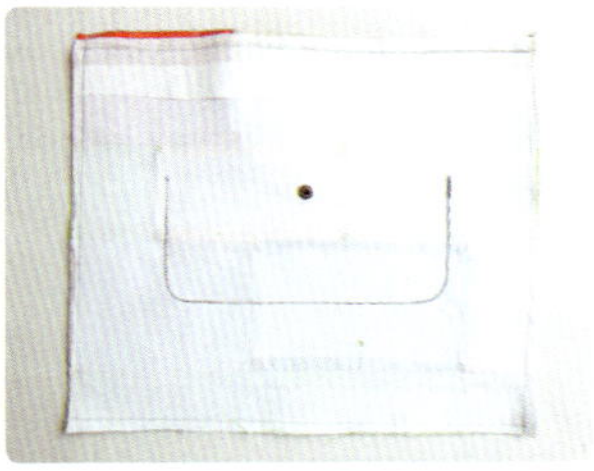

10 拼布面与绿色面正面相对，车缝三侧固定。

11 将底布抓袋底约12cm车缝固定，再剪去多余的布。

12 里布的部分正面相对车缝，一样抓袋底约12cm车缝固定，底部返口约留10cm。

13 里布先用磁扣固定，建议多压一块3cm×3cm的布在磁扣与里布之间，避免拉扯使布破损。

14 将固定好的里布放入表布内，正面相对。

15 将表布与里布开口的部分车缝固定。

16 从返口返回正面，车缝皮革带当提手，再装上子母扣装饰即可。

变化布作园地

纸板再利用·布做的甜美收纳盒

法式布盒创新术

布盒创作总是带着优雅的设计，从配件选用到细节配色，都讲究一股法式复古情调，然而真要从纸板结构开始做起，对于初学者来说是有一定难度的，所以Sophie老师改用现成的纸盒素材，换一种方式，让大家都能轻易上手，体验做布盒的乐趣。

设计示范、步骤文 / Sophie 文字整理 / 许贝羚 摄影 / 王正毅

People Data

Sophie

东海大学外文系毕业、英国利兹大学传媒理论硕士，法国里昂天主教大学研习法语；喜爱法国文化，多年的上班族生活告一段落时，偶然接触法式布盒，开始了手作教学的旅程。自学研究创作出许多美好的布盒作品，喜欢结合不同手法，并从日常物件中找寻灵感，赋予作品新的生命。

http://tw.myblog.yahoo.com/unicorne24/

Facebook粉丝专页: Sophie Cartonnage 法式布盒

棉蕾丝不仅装饰效果极好，交叉固定后，也很适合用来插放小纸卡，记住平的那边向上，才能耐住小纸卡的多次插放，不易松脱。

材料

长形软木塞板　1个（在此使用的尺寸为40cm×30cm）
1mm厚纸板　1张（以能轻易塞入板子框架为准）
500g厚纸板　1张（口袋纸板）
防水布40cm×30cm　1块、32cm×20cm　1块
素面金属挂钩　数个
缎带　少许

1
现有框板利用

造型留言收纳板

软木塞板是很实用的生活用品，包上漂亮的防水布，挖个洞插笔记本，加几个钩钩就能拥有更多的收纳功能。

Step by step

1　需要的主要材料如图。

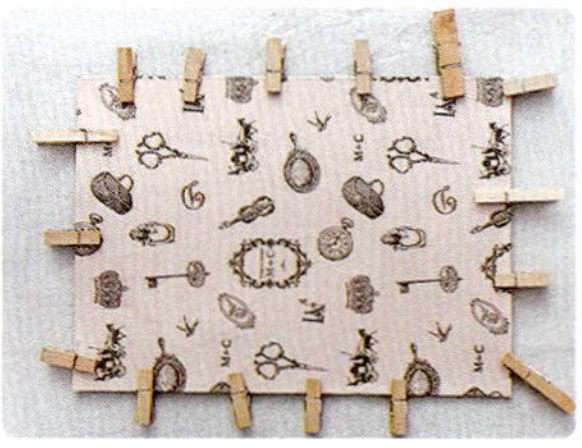

2　先把大块防水布粘到大块纸板上，四边都往后包好（包份是1.5cm），用木夹夹住四边静置20min。

3　包口袋纸板的时候，仅在上面剪牙口，包住上面即可。

4　如图，把大纸板的底边与口袋纸板的底边重叠摆放，两边先粘，最下面的地方往内包折一点，再包上来。

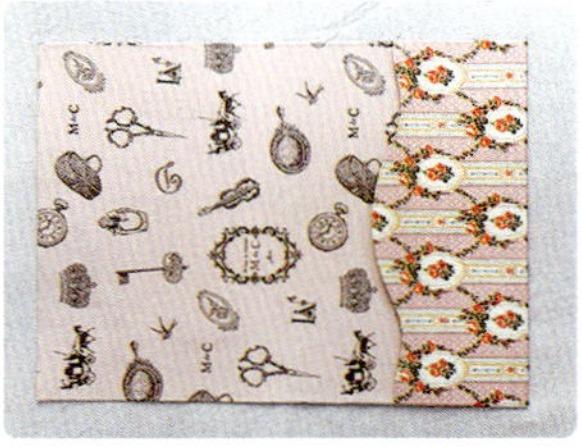

5　主体正面如图。

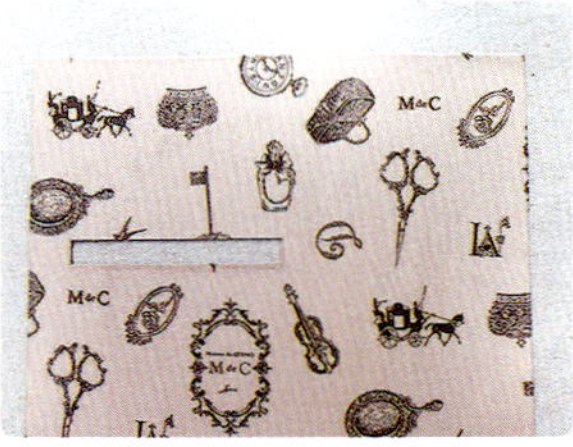

6　接着在左上1/3处用美工刀开个长条的洞，宽度要比笔记本宽。

7　洞口上下粘上漂亮的缎带装饰。

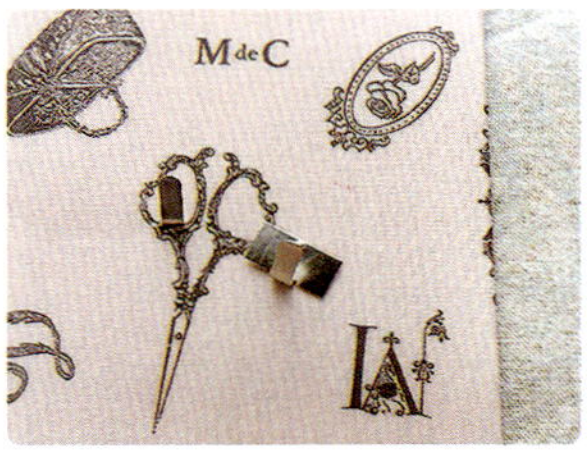

8　右上半部在有图案的地方以美工刀开洞，从后面放进挂钩，视个人需要调整挂钩数量和高度。

9　避开笔记本插入的地方，在软木塞板上涂满白胶，要涂得够多才粘得上，四边尤其要涂好白胶。

Point

纸板粘到软木塞板上后，记得用几本书均匀地压在上面，以便粘贴得更加牢固、平整。

Step by step

比萨盒时钟

比萨盒吃完通常就丢掉了，但只要发挥一点巧思，运用布盒的手法，就能把比萨盒变成很有型的时钟哦！

材料

比萨盒1个（在此使用的尺寸为26cm×26cm）
可包覆盒盖与盒身后侧的厚质图案布
（包份每边留2cm）
可包覆盒身前侧及两侧的厚质图案布　1块
（上下长度比盒身多3cm，两侧多5cm）
比盒底每边多2cm的棉布　1块
比盒盖三边多5cm的包绳　1条
缎带长20cm　1条
时钟机芯　1个

比萨盒的处理

1 先准备一个比萨盒。

2 整个盒子拆开修剪。

6 四个角及通气孔都处理好后，就可以开始贴布了。

开始贴布

7 把前盖和盒身后面的部分，全都均匀地涂满白胶。

11 边角刷上白胶，利用大拇指侧边顺势将布粘上。
*这样的手势有助于把布拉紧，也比较有力。

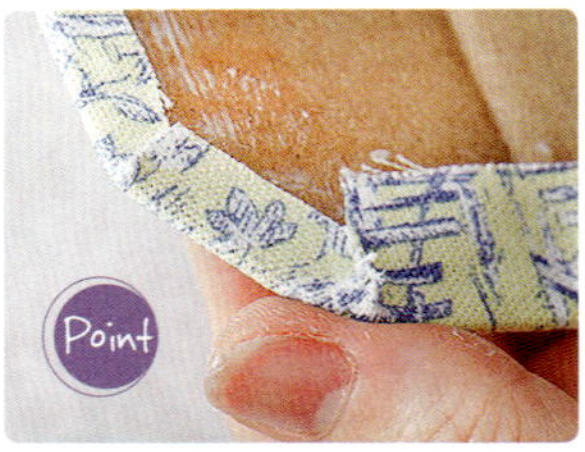

12 两边包好的交接处，记得用大拇指侧边往内挤，这样就不会露出布边，比较好看。

16 再粘好另一底边。

17 靠盒背那边如图示上下剪45°斜角，注意不要剪到底布边，以免露出盒子，再把尖角处往内折，跟盒背对齐用白胶粘好。

3 依图示，将所有多余的边剪掉。

4 用纸胶带把比萨盒通气孔都封起来，这样边角包布后比较平整好看。

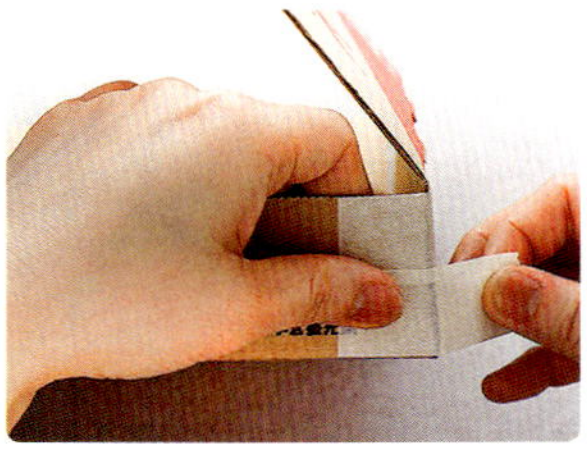

5 如图，四个角用纸胶带粘好。

8 用干油漆刷来回刷布，有助于大面积的黏合。

9 每个角都必须先剪好牙口。

10 牙口如图示修剪。

边角的包布技巧

13 包前侧及两边盒身的布条，在粘之前最好先做记号才不会包错；盒底的包份起码要有1cm。

14 盒角的布拉起用剪刀剪掉，从盒角到剪处记得预留3mm，不要剪到底。

15 底侧一边先粘起来，之前预留3mm的地方折个小三角形。

最后修饰

18 接着用钻子修饰边角，确保边角的布都没有“露馅”才行。

19 盒盖边用双面胶粘上好看的包绳，包绳的前端要粘在盒里。

20 盒盖中央装上时钟机芯，前盒边及主盒前面钻两个洞穿上缎带即完成。

用贝壳圈将零散的绣线整齐收好，更能赋予作品细致美好的味道。

蝴蝶结只要缝上个复古小配饰，精致的感觉便呼之欲出。

Step by step

材料

以2mm白玉厚纸板及500g灰铜纸依砧板描成版型各1份

比版型每边长1.5cm的厚布块2块

普通棉布1块40cm×18cm（口袋布）

配件：贝壳圈3个、不织布一小块、圆形小磁铁、金属布标

裁布及纸板

1 先将所需的布块及纸板裁好，包份1～1.5cm（纸板越厚包份要留越多）。

2 把纸板粘到布上，牙口如图示剪好。

3 分别将两块纸板的布包好、贴好。

口袋制作

4 用作口袋的长方形布块先将四周车好布边，上方折1.5cm，车1cm直线。

5 下方车两道直线，间距约0.5cm，前后不要回针，拉取其中一条线均匀地做成褶皱，宽度要跟纸板一样。

边角的包布技巧

6 把一条有纸板宽度2倍长的松紧带穿进之前车好的管洞。

7 用双面胶把口袋布的左右两边粘在500g灰铜纸板的背面两侧。

11 自制吸针台：先用保丽龙胶粘上磁铁，再粘上金属配件。

12 好用的吸针台即成。

正反面组合

13 用白胶涂满另一块厚纸板的背面，注意边上要仔细涂好白胶，接缝才不会爆开。

刺绣工具收纳板

这独特的造型，其实是取自砧板的形状哦！搭上样式复古的功能性配件，肯定能让刺绣时光更加充满乐趣。

配件组合

8 下方同样以双面胶粘好，松紧带打结即可。

9 翻到前面将口袋的褶皱调整均匀。

10 依序用粗一点的针缝上贝壳圈和包扣，用白胶粘上不织布。

14 把两块纸板粘在一起。

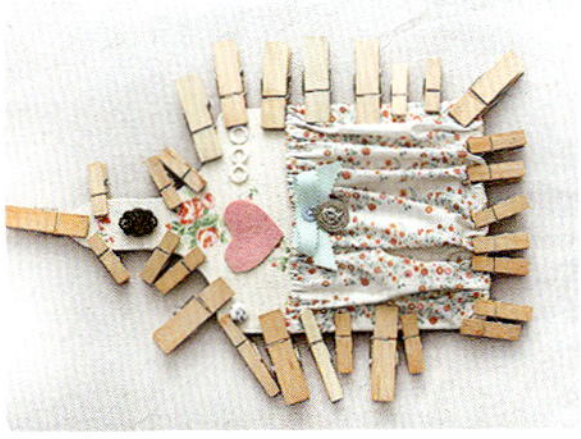

15 以木夹固定，放置30分钟让纸板确实贴紧。（记得不要夹太久，以免在布上留下夹痕。）

16 若边角有不平的地方，可再用小铁锤敲平修饰；最好是趁刚做好的时候修饰比较容易塑形。

手作
新鲜事

充满层次感的食玩趣味

点心发束

看似简单的大肠发圈，其实隐藏了更快速更简易的车缝方式，它不只是出现在头发上的束带，也能是玻璃杯里一碗牛奶冰，或是可口松软的甜甜圈。

示范、编织／黄琪评　布类设计／邓美华　文／守谷香　摄影／沅羲

牛奶
冰淇淋

咖啡色系的搭配，呈现出刚出炉的黄金色泽，让人忍不住想咬一口。

波浪般的发束，化身蛋糕的裙摆，堆放起来也像奶油一样轻绵诱人。

一朵蓝色的奶油花，由不同尺寸的发束堆砌而成，收纳在盘子里就多一份趣味。

甜甜圈发束

塞入少许棉花，呈现蓬松感。

布作点心发束

甜甜圈发束 & 牛奶冰淇淋发束

虽然只是非常简单易学的发束，但是加上一点巧思，发束就能变成各种可爱点心，功能依旧不变，趣味却大有不同。隐藏版的车缝技巧更是神奇，只要学会一边车缝一边拉出的手法，就能省去车缝好再拉返口的麻烦，小东西仍然有大学问哦！

牛奶冰淇淋发束

即使都是白色也有不同质感，堆放之后自然表现出层次，一次做很多个不同大小的白色发束，就是一个漂亮的牛奶冰淇淋！

Step by step

材料
花布 8mm×50cm　1条
松紧带 18cm　1条

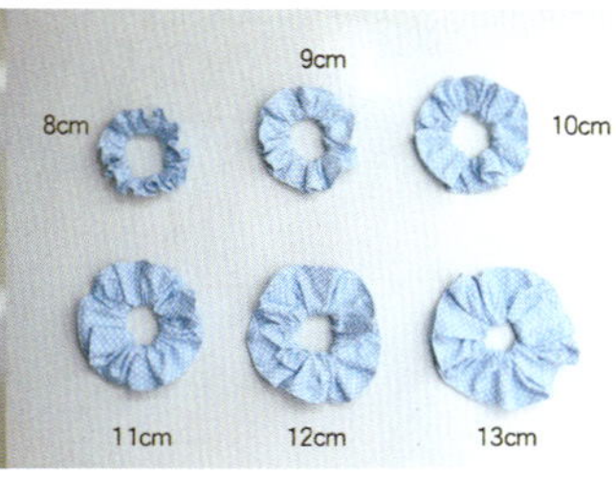

尺寸变化

Point 同样长度 50cm，如图示变化宽度，可做出大小不同的发圈。

1　布条正面相对车缝。

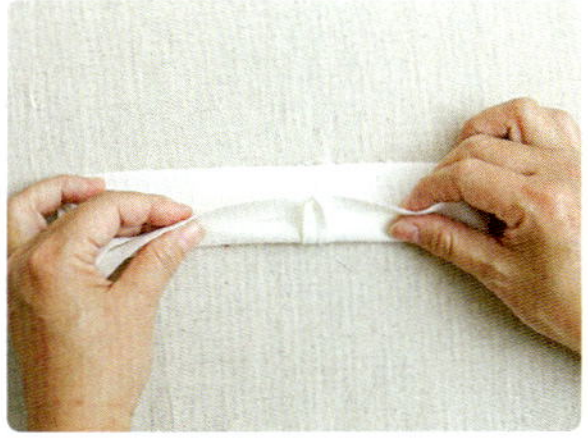

2　缝份摊开，如图将上层布对折，移到中间。下层布再对折，拼接处要对齐。

Point 先折叠后车缝，像变魔术一般，翻回正面就变成一个大肠圈。

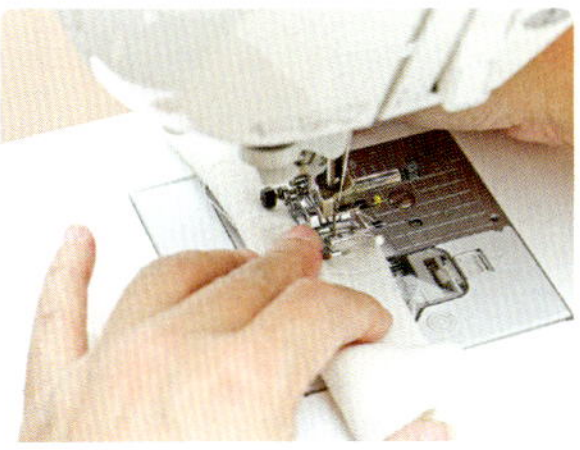

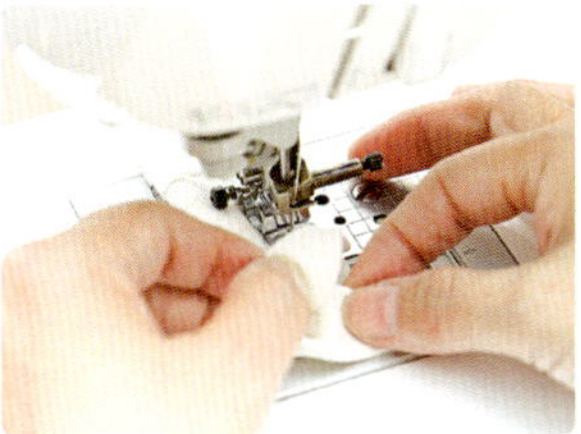

3　车缝 0.7cm，一边车缝一边将中间的布拉出来，然后继续车缝到剩一个返口。

4　将布条全部拉出，整理返口的缝份。

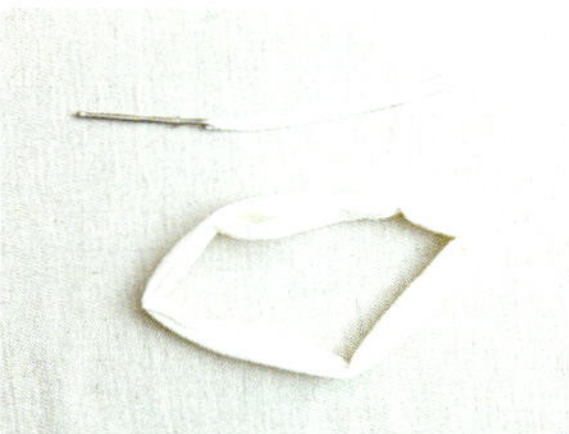

5　穿带器夹住松紧带，穿入布条中，松紧带的头尾缝住。

6　最后将返口藏针缝即完成。

编织点心发束

奶油发束

毛线织出的奶油发束，简单又大方，花瓣的蕾丝边卷曲出浪漫。单层的蓝色发束和双层的粉色发束，基础织法都相同。直接在发束上织出花样，看起来浑然一体，也可以应用在手帕四周当做蕾丝收边。

材料

线材：天然棉线

工具：钩针 5/0号、缝针、松紧发束

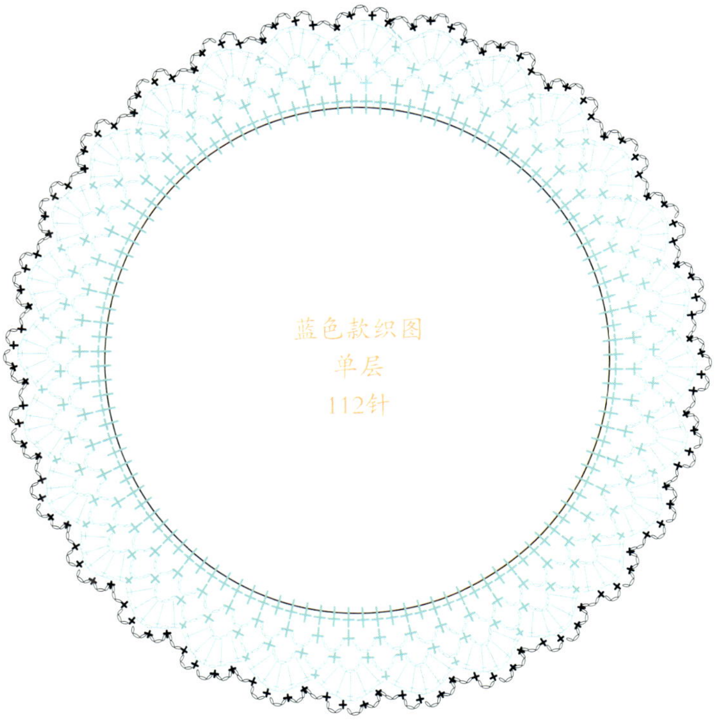

短针技法

从发束中入针将线钩出，在针上挂线，从2个线圈中一次引拔钩出。

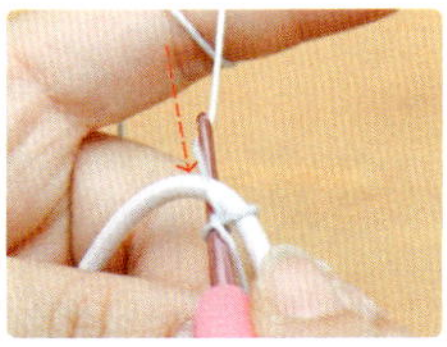

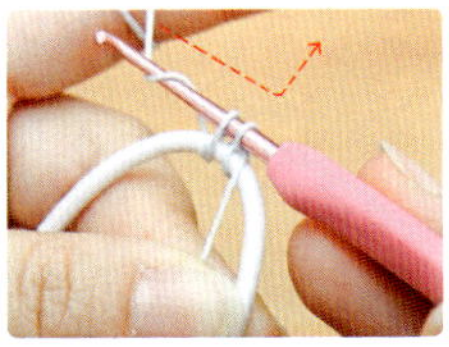

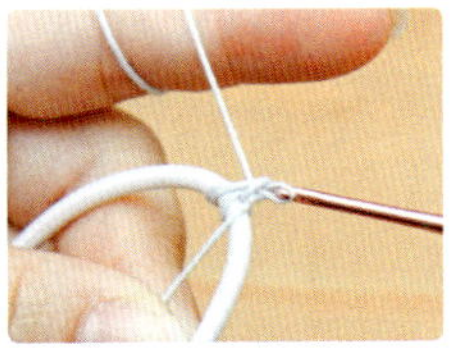

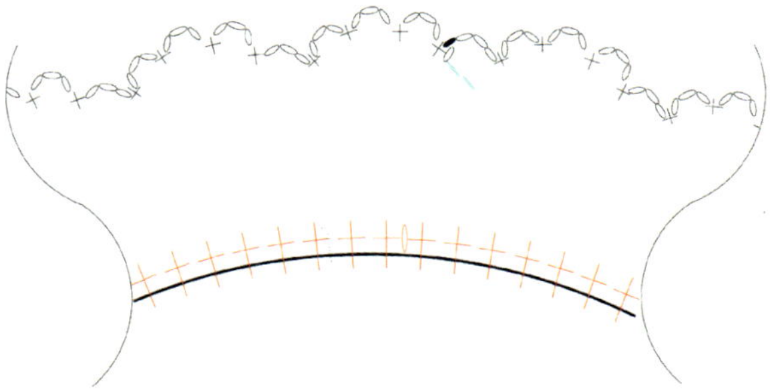

A区

A区(局部放大图)

A区结束方式

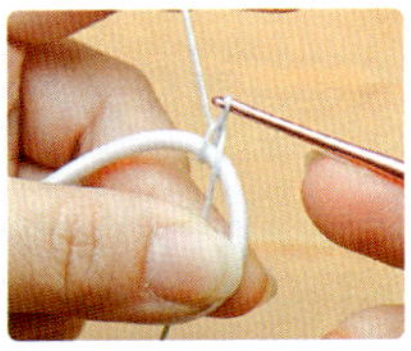

1 先将棉线在发束上打一个死结，钩1针锁针，接着钩112针短针。

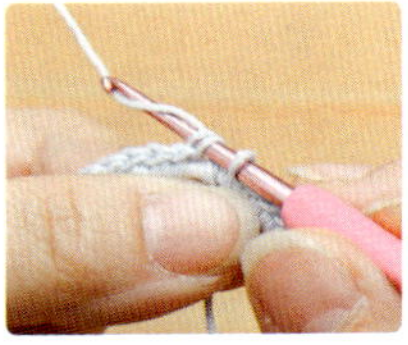

Point 在第1针短针位置入针，挑起2条锁针线，一次将线钩出。

Step by step

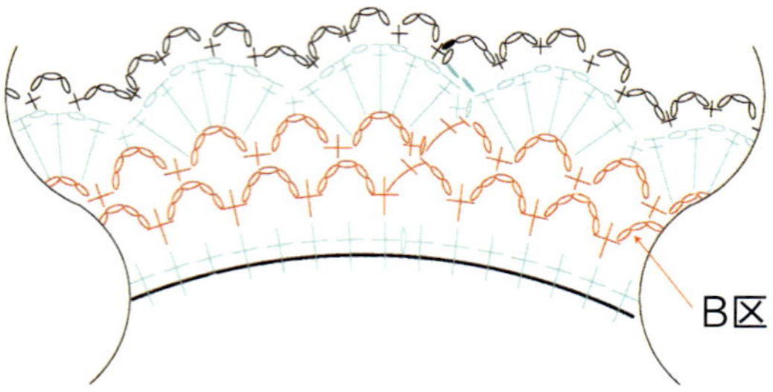

B区——同样钩法钩2圈（局部放大图）

1 钩1针锁针。

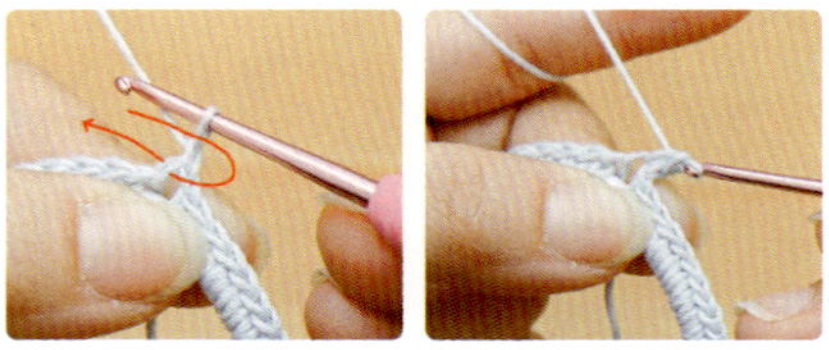

2 依箭头方向入针，钩1针短针。

3 钩5针锁针，接着空1针入针，钩1针短针；重复步骤，共钩两圈（一圈钩56针）。

Point B区第1圈结束方式

4 钩2针锁针。

5 挂线后在箭头处入针。

6 钩1针长针，第2圈完成；第3圈与第2圈相同。

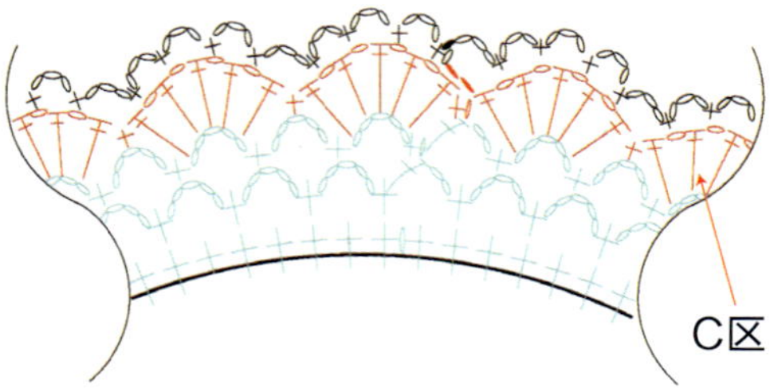

C区（局部放大图）

1 钩1针锁针。

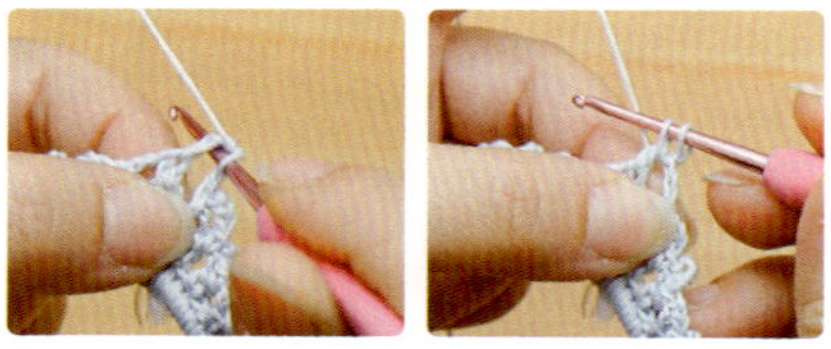

2 接着钩1针短针。

3 花瓣图案入针位置如图所示。

4 花瓣图案是由5针长针与4针锁针组成，顺序为：长针+锁针+长针+锁针+长针+锁针+长针+锁针+长针。步骤2、步骤3共进行28次。

长针技法

1 在针上挂线。

2 如图入针将线钩出。

3 再次挂线。

4 只引拔出2条线。

5 继续在针上挂线，全部引拔钩出，完成长针。

6 引拔结合C结束。

Step by step

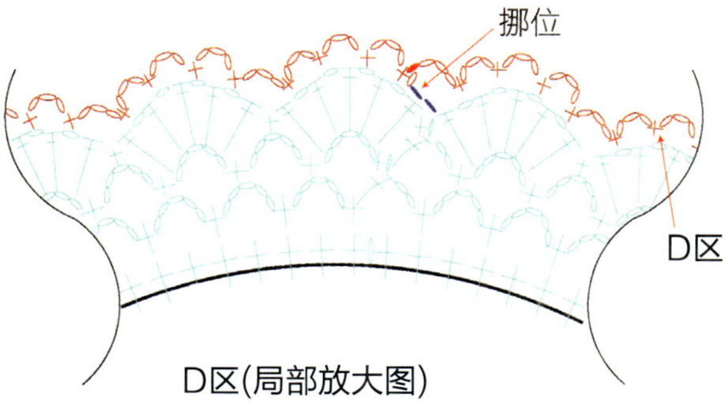

D区(局部放大图)

Point 挪位技巧

如图所示做2个引拔，是为了挪位到D区起针点。

1 钩1针锁针。

2 如箭头位置入针，钩1针短针。

3 继续钩3针锁针。

4 重复步骤2、步骤3，共进行56次，最后引拔结合。

5 完成图。

Point 藏线技巧

剩余的线头藏到织片内3~4cm后，将线端剪掉。

Plus

双层的粉红色发束

图书在版编目(CIP)数据

我爱布杂货.布作配件百搭超活用/DIY玩布置编辑部编著.—郑州：河南科学技术出版社，2012.2
ISBN 978-7-5349-5383-5

Ⅰ.①我…　Ⅱ.①D…　Ⅲ.①布料-手工艺品-制作　Ⅳ.①TS973.5

中国版本图书馆CIP数据核字(2011)第251022号

出版发行：河南科学技术出版社
地址：郑州市经五路66号　邮编：450002
电话：（0371）65737028　65788613
网址：www.hnstp.cn
责任编辑：李　洁　杨　莉
责任校对：徐小刚
责任印制：张　巍
印　　刷：北京旺都印务有限公司
经　　销：全国新华书店
幅面尺寸：210 mm×280 mm　印张：6.5　字数：150千字
版　　次：2012年2月第1版　　2012年2月第1次印刷
定　　价：38.00元
